2025 全国二级建造师执业资格考试经典题荟萃

市政公用工程管理与实务
百题讲坛

主 编 胡宗强

中国建设科技出版社有限责任公司

China Construction Science and Technology Press Co., Ltd.

北 京

图书在版编目（CIP）数据

市政公用工程管理与实务百题讲坛/胡宗强主编 .
北京：中国建设科技出版社有限责任公司，2024. 11.
（2025 全国二级建造师执业资格考试经典题荟萃）.
ISBN 978-7-5160-4337-0

Ⅰ. TU99-44

中国国家版本馆 CIP 数据核字第 2024TT8456 号

市政公用工程管理与实务百题讲坛

SHIZHENG GONGYONG GONGCHENG GUANLI YU SHIWU BAITI JIANGTAN

主　编　胡宗强

出版发行：中国建设科技出版社有限责任公司
地　　址：北京市西城区白纸坊东街 2 号院 6 号楼
邮　　编：100054
经　　销：全国各地新华书店
印　　刷：北京印刷集团有限责任公司
开　　本：787mm×1092mm　1/16
印　　张：15. 25
字　　数：360 千字
版　　次：2024 年 11 月第 1 版
印　　次：2024 年 11 月第 1 次
定　　价：**79. 80 元**

　　本书对 2024 版"百题讲坛"进行了全方位的修订与更新。修订内容主要涉及题目的增补与删改、解析内容的优化及知识点的调整。尤为注重筛选契合当前考试主流方向的经典题目，旨在帮助考生举一反三、灵活运用。

　　众所周知，选择题在二级建造师考试中占三分之一的权重，相较于案例题，选择题更容易得分，因此选择题的正确率对考试分数影响很大。本书第 1 部分着重进行了选择题的编写和解析，希望通过实践，考生能更熟悉各种选择题的类型，掌握解题技巧。

　　对考生来说，考试中的 4 道案例题是通过考试的最大障碍。考虑到考生对突破案例题的迫切需要，本书第 2 部分精心配备了经典案例题的详尽解析，并在第 3 部分提供了15 道经典案例模拟题。编者结合历年常考及未来仍是热点的相关知识点，反复揣摩、精心编制了相关内容。

　　本书通过对经典案例题的深入剖析，帮助考生厘清案例分析思路，把握命题考核点，正确掌握答题方法和技巧，助力考生事半功倍、攻克难关。案例题的解答要求考生结合实际情况，仔细分析案例信息，抓住关键问题，并综合运用所学知识和技能，结合规范和法规要求，分析问题并提出解决方案。在解答过程中，力求思路清晰、逻辑严谨、步骤严密，抓住关键点进行重点阐述。

　　最后，需要强调的是，本书只是帮助考生备考的工具之一。真正的成功源于考生对目标的长期坚持和不懈努力。衷心祝愿每位考生取得优异成绩！

　　本书在编写过程中虽经反复推敲核正，仍难免有疏漏和不妥之处，恳请广大读者提出宝贵的意见和建议。

胡宗强

2024.11

目 录

第 3 部分
经典案例模拟题

第1部分
二建模拟选择题

1 城镇道路工程

一、单项选择题

1. 下列路面适用于各交通等级道路的是（　　）。

A. 沥青贯入式路面　　　　　　　　B. 沥青表面处治路面

C. 沥青混凝土路面　　　　　　　　D. 预制混凝土砌块路面

【解析】沥青路面又分为沥青混凝土、沥青贯入式和沥青表面处治路面。沥青混凝土路面适用于各交通等级道路，沥青贯入式与沥青表面处治路面适用于支路、停车场。砌块路面又可分为石材、预制混凝土砌块等路面，适用于支路、广场、停车场、人行道与步行街。

2. 下列关于沥青路面结构说法，不正确的是（　　）。

A. 垫层宜采用砂、砂砾等颗粒材料

B. 冷拌改性沥青混合料可用于井周冷补

C. 级配砾石可用于轻交通道路的下基层

D. 面层不受温度变化的影响

【解析】面层直接同行车和大气相接触，承受行车荷载引起的竖向力、水平力和冲击力的作用，同时又受降水的侵蚀作用和温度变化的影响。

【相关知识点】面层直接承受行车的作用，用以改善汽车的行驶条件，提升道路服务水平（包括舒适性和经济性）。

3. 关于降噪排水路面的说法，正确的是（　　）。

A. 上面层采用骨架型混合料（SMA）　　B. 上面层采用 OGFC 沥青混合料

C. 下面层采用热拌沥青碎石（AM）　　　D. 上面层采用 AC 型混合料

【解析】本题考核降噪排水路面的结构。降噪排水路面结构组合一般为：上面层采用

OGFC 沥青混合料，中面层、下面层采用密级配沥青混合料。AC 型混合料及骨架型混合料（SMA）均属于密级配混合料。热拌沥青碎石（AM）是一种半开级配混合料。

4. 主要起防水、磨耗、防滑或改善碎（砾）石作用的路面面层是（　　）。

A. 热拌沥青混合料面层　　　　　　　　B. 冷拌沥青混合料面层

C. 沥青贯入式面层　　　　　　　　　　D. 沥青表面处治面层

【解析】沥青表面处治面层主要起防水层、磨耗层、防滑层或改善碎（砾）石路面的作用，其集料最大粒径应与处治层厚度相匹配。

5. 关于水泥混凝土路面结构组成，说法正确的是（　　）。

A. 贫混凝土基层弯拉强度大于 1.5MPa 时，应设置与面层错开的横向缩缝

B. 重交通以上等级道路可采用 42.5 级及以上的道路硅酸盐水泥

C. 混凝土路面与沥青路面相接时，设置 2m 的过渡段

D. 钢纤维混凝土粗集料最大粒径不宜大于 19.0mm

【解析】碾压混凝土基层应设置与混凝土面层相对应的接缝。贫混凝土基层弯拉强度大于 1.5MPa 时，应设置与面层相对应的横向缩缝。混凝土路面与沥青路面相接时，设置不少于 3m 的过渡段，过渡段路面应采用两种路面呈阶梯状叠合布置。粗集料应采用质地坚硬、耐久、洁净的碎石、砾石、破碎砾石，技术指标应符合规范要求，钢纤维混凝土粗集料最大粒径不宜大于 16.0mm。

6. 下列属于路堑施工要点的是（　　）。

A. 路基填筑中宜做成双向横坡

B. 路床碾压时应视土的干湿程度而采取洒水或换土、晾晒等措施

C. 路基高程应按设计标高增加预沉量值

D. 先修筑试验段，以确定松铺厚度、压实机具组合、压实遍数及沉降差等施工参数

【解析】本题考核的知识点比较综合，如果对教材不熟悉，亦可通过分析得出答案。首先路堑是路床顶低于现况路面，属于挖土路基，而 A、C 两个选项描述的是填土路基的施工要求。A 选项是教材新增内容，路基填筑中宜做成双向横坡，一般土质填筑横坡宜为 2%～3%，透水性小的土类填筑横坡宜为 4%。D 选项描述的是填石路基的施工要求。所以 B 选项最符合题意。

【相关知识点】挖方段应自上而下分层开挖，严禁掏洞开挖。机械开挖作业时，必须避开构筑物、管线，在距管道 1m 范围内应采用人工开挖；在距直埋缆线 2m 范围内必须采用人工开挖。挖方段不得超挖，应留有碾压后到设计标高的压实量。压路机不小于 12t 级，碾压应自路两边向路中心进行，直至表面无明显轮迹为止。

7. 关于路基压实作业说法，错误的是（　　）。

A. 填土内粒径超过 100mm 的土块应打碎

B. 土质路基压实应遵循的原则，先轻后重、先静后振

C. 路基碾压应从路基中心向边缘进行

D. 碾压不到的部位应采用小型夯压机夯实

【解析】碾压应从路基边缘向路中心进行，压路机轮外缘距路基边应保持安全距离。

8. 二灰稳定粒料基层中的粉煤灰，若（　　）含量偏高，会致使路面起拱损毁。

A. 氧化钙 　　　　　　　　　　　　B. 氧化镁

C. 三氧化硫 　　　　　　　　　　　D. 二氧化硅

【解析】二灰稳定粒料基层中的粉煤灰，若三氧化硫含量偏高，易使路面起拱，直接影响道路基层和面层的弯沉值。

9. 台背路基填土加筋的主要目的是为了（　　）。

A. 提高路基承载力 　　　　　　　　B. 减小路基与构造物之间的不均匀沉降

C. 提高路基稳定性 　　　　　　　　D. 提高路基沉降

【解析】台背路基填土加筋，采用土工合成材料加筋，以减少路基与构造物之间的不均匀沉降。一些考生认为本题的 A、C 两个选项存在争议，因为台背路基填土加筋确实能够提高路基的承载力和稳定性。然而，题干问的是台背路基填土加筋的主要目的。换句话说，提高路基承载力和稳定性是台背路基填土加筋的"意外收获"，并非其主要期望结果。

10. 密级配沥青混凝土混合料复压宜优先选用（　　）进行碾压。

A. 钢轮压路机 　　　　　　　　　　B. 重型轮胎压路机

C. 振动压路机 　　　　　　　　　　D. 双轮钢筒式压路机

【解析】密级配沥青混凝土混合料复压宜优先采用重型轮胎压路机进行碾压，以增加密实性，其总质量不宜小于 25t。对粗集料为主的混合料，宜优先采用振动压路机复压。终压宜选用双轮钢筒式压路机或关闭振动的振动压路机，碾压至无明显轮迹为止。

11. 下列关于改性沥青混合料，说法错误的是（　　）。

A. 摊铺速度大于普通沥青混合料

B. 初、终压温度高于普通沥青混合料

C. 宜采用振动压路机碾压

D. 纵横缝尽量避免出现冷接缝

【解析】改性沥青混合料初压开始温度不低于 150℃，碾压终了的表面温度应不低于 90~120℃。宜采用振动压路机或钢筒式压路机碾压，不应采用轮胎压路机碾压。摊铺速度宜放慢至 1~3m/min。普通沥青混合料摊铺速度宜控制在 2~6m/min 的范围内。

热拌沥青混合料的碾压温度

施工工序		石油沥青的标号			
		50 号	70 号	90 号	110 号
开始碾压的混合料内部温度，不低于（℃）	正常施工	135	130	125	120
	低温施工	150	145	135	130
碾压终了的表面温度，不低于（℃）	钢轮压路机	80	70	65	60
	轮胎压路机	85	80	75	70
	振动压路机	75	70	60	55
开放交通的路表温度，不高于（℃）		50	50	50	45

12. 采用滑模摊铺机摊铺水泥混凝土路面时，如混凝土坍落度较大，应采取（ ）。

A. 高频振动，低速度摊铺
B. 高频振动，高速度摊铺
C. 低频振动，低速度摊铺
D. 低频振动，高速度摊铺

【解析】混凝土坍落度小，应用高频振动，低速度摊铺；混凝土坍落度大，应用低频振动，高速度摊铺。

13. 下图所示挡土墙的结构形式为（ ）。

A. 重力式
B. 悬臂式
C. 扶壁式
D. 衡重式

【解析】本题考核教材中常用挡土墙的结构形式表格内容。钢筋混凝土悬臂式挡土墙采用钢筋混凝土材料，由立壁、墙趾板、墙踵板三部分组成。注意与其他挡土墙不要混淆。这种直接考核表格内容的题目几乎年年有。

另外，挡土墙也有可能以案例题的形式考核，要求根据背景中的图形，写出部件名称（例如墙趾板及墙踵板）及作用。

【相关知识点】悬臂式挡土墙墙高时，立壁下部弯矩大，配筋多，不经济；扶壁式挡土墙比悬臂式挡土墙受力条件好，在高墙时较悬臂式经济。

14. 关于路缘石施工技术说法正确的是（ ）。

A. 路缘石基础宜与相应的面层同步施工
B. 平石宜在雨水口位置进行收口
C. 侧石与平石应对缝铺设
D. 路缘石应采用预拌干硬性砂浆铺砌

【解析】路缘石基础宜与相应的基层同步施工，故 A 选项错误。平石宜从雨水口两侧开始铺设，不得在雨水口位置进行收口，故 B 选项错误。侧石与平石应错缝铺设，不得出现通缝现象，故 C 选项错误。

15. 下列指标中，不属于沥青路面使用指标的是（ ）。

A. 温度稳定性
B. 平整度
C. 变形量
D. 承载能力

【解析】本题考核沥青路面使用指标。沥青面层路面使用指标包括：承载能力、平整度、温度稳定性、抗滑能力、透水性、水稳定性、噪声量。

本题属于需要记忆的知识点。路面必须保持较高的稳定性，即具有较低的温度、湿度敏感度，把水文、温度、大气因素的影响降至最低，以保证车辆运行质量；平整度能提高行车速度和舒适性；足够的承载能力可以使面层具备足够抗疲劳破坏和塑性变形的能力，即具备相当高的强度和刚度，避免车辆荷载作用在路面上时，路面过早出现开裂或变形（沉陷、车辙等）。所以 A、B、D 选项均符合题意。但是，变形量属于路基性能指标，路基性能主要指标是整体稳定性和变形量，故 C 选项不符合题意。

16. 刚性挡土墙与土相互作用的最大土压力是（　　）土压力。

A. 静止　　　　　　　　　　　　　　B. 被动

C. 平衡　　　　　　　　　　　　　　D. 主动

【解析】挡土墙结构承受的土压力有三种，静止土压力、主动土压力和被动土压力。三种土压力中，主动土压力最小；静止土压力其次；被动土压力最大，位移也最大。

本题考核对挡土墙结构受力情况的掌握程度，属于理解记忆类题目。只要知道挡土墙承受的是哪三种土压力，就可以直接排除 C 选项。主动土压力可以这样理解，当挡土墙沿水平方向产生离开土体方向的位移，土体中的水平方向的应力将逐渐减少，土体将产生主动破坏状态，所以主动土压力最小。假设挡土墙墙体在水平方向产生向土体方向的位移，将导致土体内部的水平应力逐渐增大，类似于受到额外的外力作用，土体将进入一种被动破坏状态，这种情况下土体的被动土压力将达到最大值。

17. 关于沥青混合料人工摊铺施工的说法，错误的是（　　）。

A. 路面狭窄部分，可采用人工摊铺作业

B. 卸料点距摊铺点较远时，可扬锹远甩

C. 半幅施工时，路中一侧宜预先设置挡板

D. 边摊铺边整平，严防集料离析

【解析】作答本题的关键是要明白什么是扬锹远甩。扬锹远甩就是用铁锹铲起来拌合料，用力向比较远的地方扔过去，这样极可能造成混合料（混合料均由粗、细集料拌合而成）出现离析现象，所以在所有的拌合料施工中，均不得进行扬锹远甩。

18. 当水泥稳定细粒土强度没有充分形成时，表面遇水会软化，导致沥青面层（　　）。

A. 横向裂缝　　　　　　　　　　　　B. 纵向裂缝

C. 龟裂破坏　　　　　　　　　　　　D. 泛油破坏

【解析】水泥土（水泥稳定细粒土）基层软化会造成道路结构层承载力严重下降，路面失去支撑，从而导致沥青面层龟裂破坏。

需要注意的是，沥青面层裂缝是由于基层底部开裂影响到沥青面层或者低温收缩、施工工艺不当、使用不合格材料而产生的。而沥青路面泛油破坏一般是由于沥青含量过大，压实度不够，级配不合适造成的，与基层无关。

19. 沥青混合料面层最低摊铺温度的根据不包括（　　）。

A. 铺筑层厚度

B. 沥青混合料种类

C. 机械种类

D. 下卧层表面温度

【解析】最低摊铺温度根据铺筑层厚度、气温、沥青混合料种类、风速、下卧层表面温度等。

【相关知识点】沥青混合料面层施工时，压路机不得在未碾压成型路段上转向、掉头、加水或停留。在当天成型的路面上，不得停放各种机械设备或车辆，不得散落矿料、油料及杂物。

20. 关于浇筑水泥混凝土路面模板架设要求的说法，不正确的有（　　）。

A. 模板与混凝土接触面及模板顶面应刨光

B. 木模板直线部分板厚不宜小于 50mm

C. 接头应粘贴胶带或塑料薄膜等密封

D. 相邻模板连接应留有间隙用黏土填塞

【解析】相邻模板连接应紧密平顺，不得错位；模板安装检验合格后表面应涂隔离剂。

21. 某水泥混凝土路面的面层为 220mm，其缩缝切缝做法错误的是（　　）。

A. 混凝土达到设计强度的 28% 后垂直板面切缝

B. 设传力杆时，实测切缝深度为 70mm

C. 不设传力杆时，实测切缝深度为 60mm

D. 切缝机切缝宽度可以为 5mm

【解析】当混凝土达到设计强度的 25%～30% 时，采用切缝机进行切割。水泥混凝土路面横向缩缝：缩缝应垂直板面，采用切缝机施工，宽度宜为 4～6mm。切缝深度：设传力杆时，不应小于面层厚的 1/3，且不得小于 70mm；不设传力杆时不应小于面层厚的 1/4，且不应小于 60mm。本题水泥混凝土路面的面层为 220mm，设传力杆时，不应小于面层厚度的 1/3（73.3mm），所以切缝深度 70mm 过浅。不设传力杆时，不应小于面层厚的 1/4（55mm），所以切缝深度 60mm 合格。

22. 关于城镇道路工程施工质量控制做法，错误的是（　　）。

A. 级配碎石基层每层摊铺虚厚不宜超过 300mm

B. 城镇道路使用的混合料采用强制式搅拌机集中拌制

C. 水泥稳定材料基层自拌合至摊铺、碾压成型完成不超过 3h

D. 路基分层填筑，每层最大压实厚度宜不小于 300mm

【解析】路基应分层填筑，每层最大压实厚度宜不大于 300mm，顶面最后一层压实厚度应不小于 100mm。

【相关知识点】二灰混合料，每层最大压实厚度为 200mm 且不宜小于 100mm。热拌沥青类混合料面层，压实层最大厚度不宜大于 100mm。

23. 下列关于水泥混凝土面层冬期施工的说法，正确的是（　　）。

A. 施工现场最低气温低于 0℃时，宜停止施工

B. 水泥混凝土拌合料可加防冻剂、缓凝剂

C. 水泥混凝土板弯拉强度低于 1MPa 时，不得受冻

D. 养护期混凝土面层最低温度不应低 0℃

【解析】本题考核水泥混凝土道路冬期施工。A 选项错误，当施工现场环境日平均气温连续 5d 稳定低于 5℃，或最低气温低于 -3℃时，宜停止施工。D 选项错误，养护期混凝土面层最低温度不应低于 5℃。本题 B 选项具有迷惑性，毋庸置疑，水泥混凝土冬期施工可加入防冻剂和早强剂，并适当延长搅拌时间，但是 B 选项将"早强剂"换成了"缓凝剂"，而这两者的作用完全相反，需要仔细甄别。

24. 关于路基处理方法说法，错误的是（　　）。

A. 重锤夯实法适用于饱和黏性土

B. 换填法适用于暗沟、暗塘等软弱土的浅层处理

C. 真空预压法适用于处理饱和软弱土层

D. 振冲挤密法适用于处理松砂、粉土、杂填土及湿陷性黄土

【解析】碾压及夯实处理方法有重锤夯实、机械碾压、振动夯实、强夯（动力固结），适用于碎石土、砂土、粉土、低饱和度的黏性土、杂填土等，对饱和黏性土应慎重采用。

25. 关于温拌沥青混合料面层施工的说法，错误的是（　　）。

A. 干法添加型温拌添加剂的掺量一般为最佳沥青用量的0.5%~0.8%

B. 温拌沥青混合料出料温度较热拌沥青混合料降低20℃以上

C. 运料车装料时应前后移动运料车，消除粗细料的离析现象

D. 振动压路机在混合料温度低于90℃后不应开振碾压

【解析】表面活性剂类温拌添加剂用量，干法添加型温拌添加剂的掺量一般为最佳沥青用量的5%~6%，湿法添加型温拌添加剂的掺量一般为最佳沥青用量的0.5%~0.8%，故A选项错误。用于温拌施工的温拌沥青混合料出料温度较热拌沥青混合料降低20℃以上，故B选项正确。运料车装料时，应通过前后移动运料车来消除粗细料的离析现象。一车料最少应分两层装载，每层应按3次以上装料，故C选项正确。在确认不致产生混合料推移的情况下，压路机应紧跟摊铺机进行初压。振动压路机在混合料温度低于90℃后不应开振碾压，防止因低温碾压造成石料破损，故D选项正确。

二、多项选择题

1. 水泥混凝土路面施工时，应在（　　）处设置胀缝。

A. 检查井周围　　　　　　　　　B. 纵向接缝

C. 小半径平曲线　　　　　　　　D. 板厚改变

E. 邻近桥梁

【解析】胀缝是施工时预留的空间缝隙，在胀缝处混凝土面板完全断开，其设置目的是为混凝土板的膨胀提供伸长的余地，从而避免产生过大的热压应力。一般设置在邻近桥梁或其他固定构筑物处、板厚改变处、小半径平曲线等处。而在检查井周围，为了使其与混凝土路面连接紧密，面层应配筋补强。纵向接缝与路线中线平行，应设置拉杆。

2. 下列属于无机结合料稳定基层质量控制指标的是（　　）。

A. 原材料质量　　　　　　　　　B. 压实度

C. 7d无侧限抗压强度　　　　　　D. 平整度

E. 弯沉值

【解析】石灰稳定土、水泥稳定土、石灰工业废渣（石灰粉煤灰）稳定砂砾（碎石）等无机结合料稳定基层原材料质量、压实度、7d无侧限抗压强度等应符合规范规定要求。

【相关知识点】土方路基压实度和弯沉值应100%合格，纵断面高程、中线偏位、平整度、宽度、横坡及路堤边坡等应符合要求。填石方路基，压实密度应符合试验路段确定的施工工艺，沉降差不应大于试验路段确定的沉降差。水泥混凝土面层的原材料质量、混凝土弯

拉强度、混凝土面层厚度、构造深度等应符合设计要求。级配碎石（碎砾石）、级配砾石（砂砾）基层集料质量及级配、压实度、弯沉等应符合规范规定要求。

3. 采用垫隔土工布加固地基时，土工合成材料的（　　）应满足设计要求。

A. 抗拉强度　　　　　　　　　　　　B. 抗压强度

C. 顶破强度　　　　　　　　　　　　D. 材料厚度

E. 渗透系数

【解析】所选土工合成材料的幅宽、质量、厚度、抗拉强度、顶破强度和渗透系数应满足设计要求。

4. 关于石方路基施工的说法，正确的有（　　）。

A. 应先清理地表，再开始填筑施工

B. 先填筑石料，再码砌边部

C. 宜用 12t 以下的振动压路机

D. 路基范围内管线四周宜回填石料

E. 碾压前应经过试验段，确定施工参数

【解析】石方路基：①修筑填石路堤应进行地表清理，先码砌边部，然后逐层水平填筑石料，确保边坡稳定，故 A 选项正确，B 选项错误。②先修筑试验段，以确定松铺厚度、压实机具组合、压实遍数及沉降差等施工参数，故 E 选项正确。③填石路堤宜选用 12t 以上的振动压路机、25t 以上轮胎压路机或 2.5t 的夯锤压（夯）实，故 C 选项错误。④路基范围内管线、构筑物四周的沟槽宜回填土料，故 D 选项错误。

本题目虽然备选答案也都是教材上的原文内容，但设立的小陷阱比较多，如果没有现场的施工经验不容易依据题干进行判别，作答此类题目最好的办法就是少选，尤其是那种判别式的文字：先、后、以上、以下，此处通常都是命题人设置陷阱的地方。

5. 水泥混凝土道路基层材料主要根据（　　）选用。

A. 道路交通等级　　　　　　　　　　B. 基层施工机械

C. 施工技能水平　　　　　　　　　　D. 路基抗冲刷能力

E. 材料供应能力

【解析】基层材料的选用原则：根据道路交通等级和路基抗冲刷能力来选择基层材料。

基层材料的选用与施工技能水平无关。施工人员的技能水平主要影响施工质量和效率，而不是基层材料的选用，故 C 选项不符合题意。至于 B、E 选项只是施工统筹安排所需要考虑的因素，也不是基层材料选择的主要依据。

【相关知识点】特重交通宜选用贫混凝土、碾压混凝土或沥青混凝土；重交通道路宜选用水泥稳定粒料或沥青稳定碎石；中、轻交通道路宜选择水泥或石灰粉煤灰稳定粒料或级配粒料。湿润和多雨地区，繁重交通路段宜采用排水基层。

6. 铺筑沥青混合料面层时，应喷洒粘层油的部位有（　　）。

A. 沥青混合料面层摊铺前的基层表面　　B. 多层式热拌沥青混合料面层之间

C. 路缘石外露面　　　　　　　　　　D. 检查井与沥青混合料连接面

E. 沥青层与水泥混凝土路面之间

【解析】透层：沥青混合料面层摊铺前应在基层表面喷洒透层油。粘层：在既有结构和路缘石、检查井等构筑物与沥青混合料层的连接面，应喷洒粘层油。为加强路面沥青层之间、沥青层与水泥混凝土路面之间的黏结而洒布的沥青材料薄层。

7. 关于土工合成材料加固软土路基的说法，正确的有（　　）。

A. 铺设土工合成材料不得出现扭曲、折皱、重叠

B. 土工合成材料在路堤边部应留有足够的锚固长度

C. 上下层土工合成材料接缝应对齐

D. 土工合成材料应沿路基轴线分幅铺设

E. 土工合成材料耐腐蚀、耐暴晒

【解析】 在整平好的下承层上按路堤底宽全断面铺设，摊平时拉直平顺，紧贴下承层，不得出现扭曲、折皱、重叠，故 A 选项正确，D 选项错误。铺设土工聚合物，应在路堤每边留足够的锚固长度，回折覆盖在压实的填料面上，故 B 选项正确。现场施工中，上下层接缝应交替错开，错开长度不小于 0.5m，故 C 选项错误。土工合成材料应具有质量轻、整体连续性好、抗拉强度较高、耐腐蚀、抗微生物侵蚀好、施工方便等优点。在土工合成材料堆放及铺设过程中，尽量避免长时间暴露和暴晒，以免性能劣化，故 E 选项错误。

土工合成材料和防水卷材的施工做法有相似之处，可以结合起来对比记忆。回答这类题目记住几个共性：采用顺坡搭接即上压下的搭接方式，应尽量采用品形分布，避免出现十字搭接，上下层接缝交替错开；铺设前应先做好节点、转角等局部处理，然后进行大面积铺设；铺设一次展开到位，不宜展开后再拖动。

8. 道路基层材料石灰稳定土、水泥稳定土和二灰稳定土共同的特性有（　　）。

A. 早期强度较高

B. 有良好的板体性

C. 有良好的抗冻性

D. 有明显的收缩性

E. 抗冲刷能力强

【解析】 石灰稳定土、水泥稳定土和二灰稳定土均有良好的板体性及明显的收缩性，故 B、D 两选项正确。石灰稳定土抗冻性以及早期强度不如水泥稳定土，水泥稳定土早期强度高，二灰稳定土抗冻性能比石灰土高很多，故 A、C 两选项错误。石灰稳定土与水泥土一样，抗冲刷能力低，表面遇水后，容易产生唧浆冲刷，导致路面裂缝、下陷，并逐渐扩展，故 E 选项错误。

9. 通常被称为无机结合料稳定基层的材料一般都具备（　　），技术经济较合理，且适宜机械化施工。

A. 结构较密实

B. 孔隙率较小

C. 干缩系数较大

D. 水稳性较好

E. 透水性较小

【解析】 目前大量采用结构较密实、孔隙率较小、透水性较小、水稳性较好、适宜于机械化施工、技术经济较合理的水泥、石灰及工业废渣稳定材料施工基层，这类基层通常被称为无机结合料稳定基层。

对于无机结合料稳定基层来说，二灰稳定土的收缩特性小于水泥土和石灰土。水泥稳定细粒土的干缩系数、干缩应变以及温缩系数都明显大于水泥稳定粒料，所以 C 选项不符合题意。

10. 过街雨水支管沟槽及检查井周围应用 （　　） 填实。

A. 石灰土
B. 石灰粉煤灰砂砾
C. 黏土
D. 有机质土
E. 膨胀土

【解析】过街雨水支管沟槽及检查井周围应用石灰土、石灰粉煤灰砂砾或设计要求的材料填实。

因为过街雨水支管沟槽及检查井周围大型压路机碾压不到，而小型夯实机具效果又不容易满足压实度要求。而石灰土和石灰粉煤灰砂砾属于半刚性材料，强度高，稳定性好，可以弥补小型夯实机具施工的不足，因此选择 A、B 两项。膨胀土、黏土在含水量增加时会膨胀，导致填实体积变化和不稳定性；有机质土中有机物会分解产生气体和溶解物，可能导致沉降和不稳定性。所以 D、C、E 选项都不符合要求。

11. 主要依靠底板上的填土重量维持挡土构筑物稳定的挡土墙有 （　　）。

A. 扶壁式挡土墙
B. 悬臂式挡土墙
C. 重力式砌体挡土墙
D. 衡重式挡土墙
E. 重力式混凝土挡土墙

【解析】不管重力式砌体挡土墙还是重力式混凝土挡土墙，均是依靠墙体自重抵挡土压力作用。悬臂式挡土墙和扶壁式挡土墙主要依靠底板上的填土重量维持挡土构筑物的稳定。衡重式挡土墙的上墙利用衡重台上填土的下压作用和全墙重心的后移增加墙体稳定。不同类型的挡土墙在填土位置、受力方向等方面存在着差异，但最终目的都是为了保持墙体的稳定性。

12. 关于挡土墙施工要求，正确的有 （　　）。

A. 墙背填土应采用不透水性材料
B. 挡土墙基础按设计要求设置结构变形缝
C. 基础与墙身连接应按设计要求设置石榫、插筋，接触面凿毛
D. 挡墙浇筑混凝土水平分层浇筑，分层厚度≤300mm
E. 砌体的勾缝应采用凹缝或平缝

【解析】墙背填土应采用透水性材料或设计要求的填料。砌体的勾缝宜采用凸缝或平缝，浆砌块石的勾缝应嵌入砌缝内 20mm 深。浆砌较规则的块料时，可采用凹缝。

凸缝

13. 沥青混合料面层压实成型施工做法，正确的有（　　）。

A. 压实层最大厚度不宜大于100mm

B. 碾压时应将压路机的驱动轮面向摊铺机

C. 为防止沥青混合料粘轮，对压路机钢轮涂刷柴油

D. 层厚较大时宜采用高频低振幅

E. 超高路段和坡道上由低处向高处碾压

【解析】压实层最大厚度不宜大于100mm。碾压时应将压路机的驱动轮面向摊铺机，从外侧向中心碾压，在超高路段和坡道上则由低处向高处碾压，故A、B、E选项正确。层厚较大时宜采用高频大振幅，厚度较薄时宜采用低振幅，以防止集料破碎，故D选项错误。为防止沥青混合料粘轮，对压路机钢轮可涂刷隔离剂或防黏结剂，严禁刷柴油，故C选项错误。因为如果对压路机钢轮涂刷柴油，沥青会被滴下的柴油溶解，破坏路面结构；如果柴油不慎大面积、大量渗漏于沥青路面表面，严重的会造成沥青溶解于柴油，削弱沥青混合料的黏附性，使沥青混合料面层出现矿料颗粒松散、剥落或坑槽等现象。

14. 土路基雨期施工质量控制措施包括（　　）。

A. 有计划地集中力量组织快速施工

B. 分段开挖，切忌全面开花或挖段过长

C. 挖方地段坚持当天挖完、压完

D. 填方路基用挖方土作填料时，填土应一次完成

E. 遇雨要及时检查，发现翻浆要换料重做

【解析】①对于土路基施工，要有计划地组织快速施工，分段开挖，切忌全面开挖或挖段过长。②挖方地段要留好横坡，做好截水沟。坚持当天挖完、压完，不留后患。因雨翻浆地段，要换料重做。③填方路基：利用挖方土作填料，含水率符合要求时，应随挖随填，及时压实。

15. 关于砌块路面施工说法，错误的有（　　）。

A. 砌块面层与基层之间应设置整平层

B. 行进盲道与提示盲道可以混用

C. 砌块路面缝线直顺，无反坡积水现象

D. 铺砌与检查井等构筑物相接时，应设置反坡

E. 铺装完成并检查合格后及时灌缝

【解析】行进盲道与提示盲道不得混用；铺砌中砂浆应饱满，且表面平整、稳定、缝隙均匀。与检查井等构筑物相接时，应平整、美观，不得反坡。不得用在料石下填塞砂浆或支垫方法找平。

参考答案

一、单项选择题

1. C	2. D	3. B	4. D	5. B
6. B	7. C	8. C	9. B	10. B
11. A	12. D	13. B	14. D	15. C
16. B	17. B	18. C	19. C	20. D
21. B	22. D	23. C	24. A	25. A

二、多项选择题

1. CDE	2. ABC	3. ACDE	4. AE	5. AD
6. BDE	7. AB	8. BD	9. ABDE	10. AB
11. AB	12. BCD	13. ABE	14. ABCE	15. BD

2 城市桥梁工程

一、单项选择题

1. 桥面行车路面至桥跨结构最下缘之间的距离为（   ）。

A. 桥梁高度
B. 建筑高度
C. 桥下净空高度
D. 容许建筑高度

【解析】本题考核桥梁的常用术语。桥梁高度：指桥面与低水位之间的高差，或指桥面与桥下线路路面之间的距离，简称桥高。建筑高度：指桥上行车路面（或轨顶）标高至桥跨结构最下缘之间的距离。桥下净空高度：设计洪水位、计算通航水位或桥下线路路面至桥跨结构最下缘之间的距离。容许建筑高度：公路或铁路定线中所确定的桥面或轨顶标高，对通航净空顶部标高之差。因此，正确答案应为 B 选项。桥梁相关术语如下图所示。

桥梁相关术语

2. 设置在桥梁两端，防止路堤滑塌，同时对桥跨结构起支承作用的构筑物是（   ）。

A. 桥墩
B. 桥台
C. 支座
D. 锥坡

【解析】本题考核桥梁的基本组成。看似名词解释，关键在于桥台的作用，题干描述的是"……构筑物"，那么 C 选项首先被排除，因为支座不属于构筑物，而是连接桥梁上、下部结构的重要构件，是桥梁的重要传力装置。锥坡设置在桥台两侧，是为了保护桥台和路堤填土，所以锥坡可以防止路堤滑塌，但不能支承桥跨结构，故 D 选项也不正确。最后比较A、B 两选项，桥台设在桥梁两端，桥墩则在两桥台之间，桥墩的作用是支承桥跨结构，而桥台除了起支承桥跨结构的作用外，还要与路堤衔接，并防止路堤滑塌，所以正确答案应为B 选项。

3. 下列选项中，不属于设置支架施工预拱度应考虑的因素是（　　）。

A. 支架承受施工荷载引起的弹性变形

B. 支架杆件接头和卸落设备受载后压缩产生的非弹性变形

C. 支架立柱在环境温度下的线膨胀或压缩变形

D. 支架基础受载后的沉降

【解析】施工预拱度应考虑的因素：①设计文件规定的结构预拱度。②支架和拱架承受全部施工荷载引起的弹性变形。③受载后由于杆件接头处的挤压和卸落设备压缩而产生的非弹性变形。④支架、拱架基础受载后的沉降。

4. 关于支架和拱架搭设说法，错误的是（　　）。

A. 模板及支架应具有足够的承载力、刚度和稳定性

B. 支架的立杆、水平杆步距应根据承受的荷载确定

C. 可调底托留在立杆内长度应不少于 150mm

D. 施工脚手架应与支架相连，以提高整体稳定性

【解析】施工用脚手架和便道（桥）不应与支架相连接。

5. 现场绑扎钢筋时，不需要全部用钢丝绑扎的交叉点是（　　）。

A. 受力钢筋的交叉点

B. 单向受力钢筋网片外围两行钢筋交叉点

C. 单向受力钢筋网中间部分交叉点

D. 双向受力钢筋的交叉点

【解析】钢筋网的外围两行钢筋交叉点应全部扎牢，中间部分交叉点可间隔交错扎牢，但双向受力的钢筋网，钢筋交叉点必须全部扎牢。故 C 选项符合题意。

钢筋搭接及纵横筋交叉部位的绑扎，其目的都是给钢筋定位。绑扣的作用是保证混凝土浇筑过程中钢筋不会离开其应在的位置，绑扣在混凝土浇筑完毕后不参与受力。所以钢筋网的外围两行钢筋交叉点应全部扎牢，中间部分交叉点可间隔交错扎牢；而双向受力的钢筋是指横向和纵向钢筋都是受力筋，为了确保受力钢筋不发生位移，绑扎时横向和纵向钢筋的每个交叉点就必须全部扎牢。这样的绑扎方式能够有效地保证钢筋的位置和受力性能。

6. 预应力混凝土结构施加预应力的目的不包括（　　）。

A. 减小拉应力　　　　　　　　　　B. 增加抗压强度

C. 延缓构件开裂　　　　　　　　　D. 提升构件刚度

【解析】预应力混凝土是在结构受到外部承重之前，先对着受拉部位的结构施加一定的压力，用以抵消外部承重带来的混凝土拉应力。而提前施加的压力就是预压应力，简称预应力，这样做的目的是减小拉应力，延缓构件开裂（或者不开裂），从而提升构件的抗裂性能和刚度。

7. 后张法预应力筋的管道进场时，必须检验的项目不包括（　　）。

A. 外观质量　　　　　　　　　　　B. 径向刚度

C. 抗渗漏性能　　　　　　　　　　D. 抗弯曲性能

【解析】管道进场时，应检查出厂合格证和质量保证书，核对其类别、型号、规格及数量，应进行管道外观质量检查、径向刚度和抗渗漏性能检验。检验方法应按有关规范、标准进行。

8. 对钢绞线进场的检验要求，不正确的是（ ）。

A. 检查质量证明书和包装

B. 分批检验，每批重量不大于 60t

C. 钢绞线应逐卷进行外形尺寸和表面检查

D. 有一个试样不合格，不应整批钢绞线交货

【解析】钢绞线应成批检查和验收，每批钢绞线由同一牌号同一直径、同一生产工艺捻制的钢绞线组成，每批重量不大于 100t。

【相关知识点】钢丝成批检查和验收，每批钢丝由同一牌号、同一规格、同一加工状态的钢丝组成，每批质量不大于 60t。钢丝应逐盘进行形状、尺寸和表面检查。从检查合格的钢丝中抽取 5%，但不少于 3 盘，进行力学性能试验及其他试验。

9. 关于先张法预应力施工技术的说法，正确的是（ ）。

A. 张拉过程中，预应力筋不得断丝、断筋或滑丝

B. 隔离套管应在钢筋骨架完成前穿入

C. 预应力筋就位后，采用电弧焊对梁体钢筋进行焊接

D. 张拉完成后，应在隔离套管内进行压浆处理

【解析】预应力筋连同隔离套管应在钢筋骨架完成后一并穿入就位。就位后，严禁使用电弧焊对梁体钢筋及模板进行切割或焊接。隔离套管内端应堵严。

10. 适用于水深 5m，流速较大的黏性土河床的围堰类型是（ ）。

A. 土围堰

B. 土袋围堰

C. 钢板桩围堰

D. 铁丝笼围堰

【解析】

围堰类型	适用条件
土围堰	水深≤1.5m，流速≤0.5m/s，河边浅滩，河床渗水性较小
土袋围堰	水深≤3.0m，流速≤1.5m/s，河床渗水性较小，或淤泥较浅
竹、铁丝笼围堰	水深4m以内，河床难以打桩，流速较大
钢板桩围堰	深水或深基坑，流速较大的砂类土、黏性土、碎石土及风化岩等坚硬河床。防水性能好，整体刚度较强

11. 关于沉入桩施工技术要求的说法，错误的是（ ）。

A. 施工中若锤击有困难时，可在管内助沉

B. 桩锤、桩帽应和桩身在同一中心线上

C. 桩身垂直度偏差不得超过 1%

D. 沉桩时桩帽与桩周围间隙应为 5~10mm

【解析】沉桩时，桩帽或送桩帽与桩周围间隙应为 5~10mm；桩锤、桩帽或送桩帽应和桩身在同一中心线上；桩身垂直度偏差不得超过 0.5%。

12. 在桥梁支座的分类中，固定支座是按（　　）分类的。

A. 变形可能性 　　　　　　　　　　　　B. 结构形式

C. 价格的高低 　　　　　　　　　　　　D. 所用材料

【解析】桥梁支座按支座变形可能性分类：固定支座、单向活动支座、多向活动支座。固定支座，顾名思义就是固定不动，对应的就是活动支座，是可以变形（产生位移）的支座。那么从字面意思也可以明白是根据变形可能性分类的。

13. 预应力混凝土梁的台座施工时，不需要考虑的因素是（　　）。

A. 地基承载力 　　　　　　　　　　　　B. 台座间距

C. 预应力筋张拉数量 　　　　　　　　　D. 预应力混凝土梁的预拱度值

【解析】预制台座的地基应具有足够的承载力；预制台座的间距应能满足施工作业要求；对预应力混凝土梁、板，应根据设计单位提供的理论拱度值，结合施工的实际情况，正确预计梁体拱度的变化情况，在预制台座上按梁、板构件跨度设置相应的预拱度。A、B、D选项均不符合题意。

14. 关于桥梁悬臂浇筑法施工的说法，错误的是（　　）。

A. 宜从前段混凝土开始，最后结束于悬臂前端

B. 合龙段宜采用微膨胀混凝土或纤维混凝土

C. 桥墩两侧梁段悬臂施工应对称进行

D. 悬臂浇筑一般应全断面一次浇筑成型

【解析】悬臂浇筑混凝土时，宜从悬臂前端开始，最后与前段混凝土连接。

15. 钢-混凝土结合梁混凝土桥面浇筑时，采用的混凝土性能不包括（　　）。

A. 缓凝 　　　　　B. 早强 　　　　　C. 补偿收缩性 　　　　D. 速凝

【解析】现浇混凝土结构宜采用缓凝、早强、补偿收缩性混凝土。

16. 下列关于桥面防水系统施工技术的说法，正确的是（　　）。

A. 基层混凝土强度达到75%以上，方可进行防水层施工

B. 基层处理剂可采用喷涂法或刷涂法施工

C. 防水卷材应沿桥梁纵、横坡从高处向低处铺设

D. 卷材防水层应先大面积铺设，再做好局部处理

【解析】基层混凝土强度应达到设计强度的80%以上，方可进行防水层施工，故A选项错误。基层处理剂可采用喷涂法或刷涂法施工，喷涂应均匀，覆盖完全，待其干燥后应及时进行防水层施工，故B选项正确。卷材的展开方向应与车辆的运行方向一致，卷材应采用沿桥梁纵、横坡从低处向高处的铺设方法，高处卷材应压在低处卷材之上，故C选项错误。卷材防水层铺设前应先做好节点、转角、排水口等部位的局部处理，然后进行大面积铺设，故D选项错误。

17. 下列关于桥头搭板施工的说法，错误的是（　　）。

A. 桥头搭板应保证桥梁伸缩缝贯通、不堵塞

B. 现浇桥头搭板基底应平整、密实

C. 预制板纵向留灌浆槽，灌浆应饱满

D. 预制桥头搭板应与地梁、桥台搭接平顺，不得锚固

【解析】现浇和预制桥头搭板，应保证桥梁伸缩缝贯通、不堵塞，且与地梁、桥台锚固牢固。

18. 预制桩的接桩不宜使用的连接方法是（　　）。

A. 焊接　　　　　　　　　　　　　　B. 法兰连接

C. 环氧类结构胶连接　　　　　　　　D. 机械连接

【解析】预制桩的接桩可采用焊接、法兰连接或机械连接，接桩材料工艺应符合规范要求。

本题也可以通过分析得出答案。常用的沉入桩有钢筋混凝土桩、预应力混凝土桩和钢管桩。作为预制桩的连接，其实也就是钢筋的连接或钢管之间的连接，结合教材不难想到是焊接、机械连接和法兰连接，而环氧类结构胶一般用于防腐层施工或混凝土施工缝处理，从强度上看，会远远低于另外三种连接方式。

19. 下列不属于水泥混凝土桥面铺装层具有的优点是（　　）。

A. 平整度好　　　　　　　　　　　　B. 强度高

C. 耐磨强　　　　　　　　　　　　　D. 稳定性好

【解析】水泥混凝土桥面铺装层具有强度高、耐磨强、稳定性好、养护方便等优点，但接缝多、平整度差影响行车舒适性，且存在修补困难等缺点，目前仅在道路为水泥混凝土路面时才采用。

20. 地下水位以下土层的桥梁桩基础施工，不适宜采用成桩设备是（　　）。

A. 正循环回旋钻机　　　　　　　　　B. 旋挖钻机

C. 长螺旋钻机　　　　　　　　　　　D. 冲击钻机

【解析】本题考核点即教材中的关于成桩方式与适用条件表格，长螺旋钻孔适用条件：地下水位以上的黏性土、砂土及人工填土非密实的碎石类土、强风化岩。

如果对教材中的表格不熟悉，我们也可以使用排除法选择正确答案。在题目中，A、B和D选项都是泥浆护壁成孔的方法，对水位没有特殊要求。而C选项是干作业成孔的方法，对地下水位是有要求的。所以从这个角度来看，我们可以排除A、B和D选项，而选择C选项作为正确答案。

目前市政考试更加注重考核教材中的各类表格，考生在复习备考过程中应特别关注那些重要的表格，并努力掌握其中的内容。

21. 桥墩钢模板组装后，用于整体吊装的吊环应采用（　　）。

A. 热轧光圆钢筋　　　　　　　　　　B. 热轧带肋钢筋

C. 冷轧带肋钢筋　　　　　　　　　　D. 高强钢丝

【解析】预制构件的吊环必须采用未经冷拉的HPB300热轧光圆钢筋制作，不得以其他钢筋替代，且其使用时的计算拉应力应不大于65MPa。

热轧钢筋是通过将低碳钢和普通合金钢在高温状态下压制成型，并经过自然冷却而得到的成品钢筋。它主要用于钢筋混凝土和预应力混凝土结构的配筋，分为热轧光圆钢筋和热轧带肋钢筋两种类型。冷轧带肋钢筋是通过将热轧盘条经过多道冷轧减径、压肋，并消除内应力后形成的一种具有二面或三面月牙形状的钢筋。相比之下，热轧型钢的自由扭转刚度比冷轧型钢高，因此其抗扭性能也更好。光圆钢筋是指表面没有肋纹的圆形钢筋，适用于制作吊钩、吊环等可能承受动力负荷的连接件。带肋钢筋则是指表面具有月牙形状的钢筋，具有含碳量较高、脆、硬的特点，不适合进行大角度弯钩，常用于梁等受力构件。因此，带肋钢筋不适合用于制作吊钩、吊环等可能承受动力负荷的连接件。高强钢丝通常用于焊接高强钢丝网或预应力构件中的钢丝。它具有较高的强度和耐久性，适用于需要承受较大拉力的工程应用。

22. 采用常规压浆工艺的后张法预应力混凝土梁施工中，曲线预应力孔道最低部位宜设置（　　）。

A. 压浆孔　　　　　　　　　　　B. 溢浆孔

C. 排气孔　　　　　　　　　　　D. 排水孔

【解析】本题考核后张法预应力管道安装要求。预应力管道安装时，管道应留压浆孔与溢浆孔；曲线孔道的波峰部位应留排气孔；在最低部位宜留排水孔。

如果对该题目的内容没有复习到，我们可以使用排除法来作答。根据题目中的描述，溢浆孔和排气孔从字面上理解应该位于上部，而不可能位于最下部。另外，压浆孔通常会位于端头部位，一般设在锚垫板上，在压浆完成后会进行封堵。

排除法是一种常用的解题策略，尤其在对某些具体知识点没有复习到或不熟悉的情况下，可以通过逻辑推理和排除错误选项来选择正确答案，是备考过程中的一种有效技巧。

【相关知识点】压浆作业，每一工作班应留取不少于 3 组试块，标养 28d，以其抗压强度作为水泥浆质量的评定依据。压浆过程中及压浆后 48h 内，结构混凝土的温度不得低于 5℃，否则应采取保温措施。当白天气温高于 35℃ 时，压浆宜在夜间进行。孔道内的浆料强度达到设计要求后方可吊移预制构件；设计未要求时，应不低于水泥浆设计强度的 75%。

23. 不宜采用射水辅助手段沉桩施工的土层是（　　）。

A. 砂土层　　　　　　　　　　　B. 碎石土层

C. 黏性土层　　　　　　　　　　D. 砂砾土层

【解析】本题考核沉桩方法及适用条件。在密实的砂土、碎石土、砂砾的土层中用锤击法、振动沉桩法有困难时，可采用射水作为辅助手段进行沉桩施工。在黏性土中应慎用射水沉桩，在重要建筑物附近不宜采用射水沉桩。

黏土吸水后会发生塑性形变，并且很容易发生塌孔现象。因此，黏土地层不适合采用射水辅助手段进行沉桩工作。射水辅助沉桩是一种在施工过程中使用水压力将桩身推入土层的方法。然而，对于黏土地层来说，由于其吸水性质和易塌性，射水辅助沉桩可能导致土层的塌陷和不稳定，进而影响桩的承载力和稳定性。

【相关知识点】沉桩顺序：对于密集桩群，自中间向两端（两个方向）或四周对称施打；根据基础的设计标高，宜先深后浅；根据桩的规格，宜先大后小，先长后短。桩终止锤击的控制应视桩端土质而定，一般情况下以控制桩端设计标高为主，贯入度为辅。

24. 关于涵洞施工中的做法，错误的是（　　）。

A. 回填时两侧对称进行，高差不大于 300mm

B. 拱券和拱上端墙应由两侧向中间同时、对称施工

C. 填方区的涵洞应在填土至涵洞基底标高后，及时进行结构施工

D. 为涵洞服务的地下管线，应在主体结构施工前进行

【解析】为涵洞服务的地下管线，应与主体结构同步配合进行。

25. 下列因素中，可导致大体积混凝土现浇结构产生沉陷裂缝的是（　　）。

A. 水泥水化热
B. 外界气温变化
C. 支架基础变形
D. 混凝土收缩

【解析】注意本题问的是"沉陷裂缝"，A、B、D 三个选项也会导致大体积混凝土产生裂缝，但不是沉陷裂缝。混凝土的沉陷裂缝产生的原因有：支架、支撑变形下沉（引发结构裂缝），过早拆除模板支架（使未达到强度的混凝土结构发生裂缝和破损）。

二、多项选择题

1. 关于模板、支架拆除施工，下列说法正确的有（　　）。

A. 非承重侧模应在混凝土强度 5MPa 及以上方可拆除
B. 应遵循先支后拆、后支先拆的原则
C. 横向应同时卸落、在纵向应对称均衡卸落
D. 预应力混凝土结构的侧模应在预应力张拉前拆除
E. 简支梁的模板应由支座向跨中一次均衡卸落

【解析】非承重侧模应在混凝土强度能保证结构棱角不损坏时方可拆除，混凝土强度宜为 2.5MPa 及以上，故 A 选项错误。模板、支架和拱架拆除应遵循"先支后拆、后支先拆"的原则，故 B 选项正确。支架和拱架应按几个循环卸落，卸落量宜由小渐大。每一循环中，在横向应同时卸落、在纵向应对称均衡卸落，故 C 选项正确。预应力混凝土结构的侧模应在预应力张拉前拆除，底模应在结构建立预应力后拆除，故 D 选项正确。简支梁、连续梁结构的模板应从跨中向支座方向依次循环卸落，故 E 选项错误。

2. 关于混凝土的施工，下列说法正确的有（　　）。

A. 混凝土坍落度评定时应以搅拌地点的测值为准
B. 混凝土的坍落度检测每一工作班不应少于两次
C. 严禁在运输过程中向混凝土拌合物中加水
D. 混凝土运输、浇筑及间歇的全部时间不应超过混凝土的初凝时间
E. 混凝土运输中出现分层、离析现象返厂重新处理

【解析】混凝土拌合物的坍落度应在搅拌地点和浇筑地点分别随机取样检测。评定时应以浇筑地点的测值为准，故 A 选项错误。混凝土拌合物在运输过程中，应保持均匀性，不产生分层、离析等现象，如出现分层、离析现象，则应对混凝土拌合物进行二次快速搅拌，故 E 选项错误。

3. 关于重力式混凝土墩台施工的说法，正确的有（　　）。

A. 基础混凝土顶面涂界面剂时，不得做凿毛处理
B. 宜水平分层浇筑
C. 分块浇筑时接缝应与截面尺寸长边平行
D. 上下层分块接缝应在同一竖直线上
E. 接缝宜做成企口形式

【解析】重力式混凝土墩台施工时，在墩台混凝土浇筑前应对基础混凝土顶面做凿毛处

理，故 A 选项错误。分块浇筑时，接缝应与界面尺寸较小的一边平行，邻层分块接缝应错开，接缝宜做成企口形式，故 C、D 两选项错误。

4. 下列关于先简支后连续梁的安装说法，不正确的有（ ）。

A. 临时支座顶面的相对高差不应大于 1mm

B. 每跨梁安装后，应及时浇筑湿接头混凝土

C. 湿接头处的梁端应按施工缝的要求，凿毛处理

D. 永久支座应在设置湿接头底模之前安装

E. 同一片梁的临时支座应逐步拆除

【解析】临时支座顶面的相对高差不应大于 2mm，故 A 选项错误。施工程序应符合设计要求，应在一联连梁全部安装完成后再浇筑湿接头混凝土，故 B 选项错误。同一片梁的临时支座应同时拆除，故 E 选项错误。

5. 预应力混凝土连续梁悬臂浇筑法施工时，确定悬臂浇筑段前端标高时应考虑（ ）。

A. 挂篮前端的垂直变形　　　　　　　　B. 预拱度值

C. 施工人员的影响　　　　　　　　　　D. 温度的影响

E. 施工中已浇段的实际标高

【解析】预应力混凝土连续梁，悬臂浇筑段前端底板和桥面标高的确定是连续梁施工的关键问题之一，确定悬臂浇筑段前端标高时应考虑：①挂篮前端的垂直变形值。②预拱度设置。③施工中已浇段的实际标高。④温度影响。因此，施工过程中的监测项目为前三项。必要时结构物的变形值、应力也应进行监测，保证结构的强度和稳定。

6. 关于箱涵顶进的说法，错误的有（ ）。

A. 箱涵主体结构混凝土强度必须达到设计强度的 75%

B. 当顶力达到 0.9 倍结构自重时箱涵未启动，应立即停止顶进

C. 箱涵顶进必须避开雨期

D. 每次顶进应检查液压系统、传力设备、刃脚、后背和滑板等变化情况

E. 箱涵身每前进一顶程，应观测轴线和高程

【解析】本题考核箱涵顶进施工技术要点。①箱涵顶进时主体结构混凝土强度必须达到设计强度，防水层及保护层按设计完成，故 A 选项叙述错误。教材中规定主体结构混凝土强度必须达到设计强度的地方并不多，对这些特殊之处应多加留意。②当顶力达到 0.8 倍结构自重时箱涵未启动，应立即停止顶进；找出原因采取措施解决后方可重新加压顶进。B 选项中的数值错误，该数值是根据力学分析和施工经验确定的，涉及安全问题，它远比一般性的数字重要，考生一定要记住。③顶进作业宜避开雨期施工，若在雨期施工，必须做好防洪及防雨排水工作。命题者的"狡猾"之处在于将"宜"改成了"必须"，因此 C 选项看似正确，实际上是错误的。所以看书、看题一定要仔细。④每次顶进应检查液压系统、传力设备、刃脚、后背和滑板等变化情况，发现问题及时处理，故 D 选项叙述正确。⑤箱涵身每前进一顶程，应观测轴线和高程，发现偏差及时纠正，故 E 选项正确。所以本题答案应为 A、B、C 选项。

7. 下列质量控制目标中，属于支座施工的主要控制项目有（　　）。

A. 支座锚栓埋置深度　　　　　　B. 支座垫石顶面高程

C. 盖梁顶面高程　　　　　　　　D. 支座与垫石的密贴程度

E. 支座进场验收

【解析】支座的主要控制项目：①支座进场验收。②支座安装前，应检查跨距、支座栓孔位置和支座垫石顶面高程、平整度、坡度、坡向，确认符合设计要求。③支座与梁底及垫石之间必须密贴，间隙不得大于 0.3mm。④支座锚栓的埋置深度和外露长度应符合设计要求。⑤支座及其黏结灌浆和润滑材料应符合设计要求。

作答这道题目，首先要明白支座是放在垫石上而不是直接放在盖梁上的，其目的之一是方便进行标高调整。由于支座的尺寸是固定的，因此支座的高程主要受支座与垫石的密贴程度以及垫石顶面的高程影响，而与盖梁顶面的高程没有直接的关系。

8. 造成钻孔灌注桩塌孔的主要原因有（　　）。

A. 地层自立性差　　　　　　　　B. 钻孔时进尺过快

C. 护壁泥浆性能差　　　　　　　D. 成孔后没有及时灌注

E. 孔底沉渣过厚

【解析】本题考核钻孔灌注桩塌孔的原因。塌孔与缩径产生的原因基本相同，主要是地层复杂、钻进速度过快、泥浆护壁性能差、成孔后放置时间过长没有灌注混凝土等原因所致。

本题也可以采用排除法来选取正确答案。孔底沉渣过厚是塌孔的后果，不是塌孔的原因。孔底沉渣过厚会造成堵管或者使钢筋笼上浮。

9. 现浇钢筋混凝土预应力箱梁模板支架刚度验算时，在冬期施工的荷载组合包括（　　）。

A. 模板、支架自重　　　　　　　B. 现浇箱梁自重

C. 施工人员、堆放施工材料荷载　D. 风雪荷载

E. 倾倒混凝土时产生的水平冲击荷载

【解析】根据设计模板、支架和拱架的荷载组合表，梁、板和拱的底模及支承板、拱架、支架等验算刚度荷载组合为：①模板、拱架和支架自重。②新浇筑混凝土、钢筋混凝土或圬工、砌体的自重力。③设于水中的支架所承受的水流压力、波浪力、流冰压力、船只及其他漂浮物的撞击力。④其他可能产生的荷载，如风雪荷载、冬期施工保温设施荷载等。

刚度即表示抗弹性变形能力，所以不用考虑作用在箱梁模板上的临时荷载，只需考虑作用其上的永久荷载，C 和 E 选项都是施工过程中产生的临时荷载，所以无需考虑。

10. 关于水下混凝土灌注的说法，正确的有（　　）。

A. 导管底部埋于混凝土中深度宜为 2~6m 之间

B. 每次拆卸导管前均要测量混凝土面高度

C. 灌注导管使用前应进行气压试验

D. 严禁将导管提出混凝土灌注面

E. 水密试验的水压不应小于孔内水深 1.2 倍的压力

【解析】灌注导管使用前应进行水密承压和接头抗拉试验，严禁用气压试验。进行水密

试验的水压不应小于孔内水深 1.5 倍的压力，故 C、E 选项错误。

【相关知识点】 混凝土配合比应通过试验确定，必须具备良好的和易性，坍落度宜为 180~220mm。首盘浇筑：初灌量必须保证导管底部埋入混凝土中不应少于 1.0m，且连续灌注。桩顶混凝土浇筑完成后应高出设计标高 0.5~1m，确保桩头浮浆层凿除后桩基面混凝土达到设计强度。

11. 城市桥梁防水排水系统的功能包括（　　　）。

A. 迅速排除桥面积水　　　　　　B. 使渗水的可能性降至最低限度

C. 减少结构裂缝的出现　　　　　D. 保证结构上无漏水现象

E. 提高桥面铺装层的强度

【解析】 城市桥梁排水防水系统应能迅速排除桥面积水，并使渗水的可能性降至最低限度。城市桥梁排水系统应保证桥下无滴水和结构上无漏水现象。

本题 C、E 选项不符合题意。桥梁结构在使用过程中由于荷载、温度变化或其他因素会发生一定程度的变形和应力集中，这可能导致结构裂缝的出现。防水排水系统主要用于防止水分渗入桥梁结构内部，减少水分对结构材料的侵蚀，延缓结构的老化和腐蚀，但并不能直接减少结构裂缝的发生。桥面铺装层的强度主要由铺装材料的选择和设计厚度决定，并不直接受到防水排水系统的影响。

12. 关于混凝土连续梁合龙的说法，正确的有（　　　）。

A. 合龙顺序一般是先边跨，后次跨，再中跨

B. 合龙段长度宜为 2m

C. 合龙宜在一天中气温最高时进行

D. 合龙段的混凝土强度宜提高一级

E. 梁跨体系转换时，支座反力的调整应以高程控制为主

【解析】 本题考核混凝土连续梁的合龙要求。预应力混凝土连续梁合龙顺序一般是先边跨，后次跨，再中跨。合龙段的长度宜为 2m。合龙段的混凝土强度宜提高一级，以尽早施加预应力。梁跨体系转换时，支座反力的调整应以高程控制为主，反力作为校核。合龙宜在一天中气温最低时进行。故 C 选项错误。

本题也可以通过热胀冷缩的原理分析得出答案。根据热胀冷缩原理，气温最高时，合龙段间隙最小，在这个温度下进行合龙操作，当温度降低时，混凝土会发生收缩，导致合龙处产生拉应力，可能引起裂缝；而气温最低时合龙段间隙最大，此时进行合龙操作，待温度升高后，混凝土会发生膨胀，使得合龙处结合更加紧密。因此，合龙宜在一天中气温最低时进行。

13. 关于伸缩装置安装技术的说法，错误的有（　　　　）。

A. 桥梁伸缩缝的作用在于调节上部结构之间的位移和连接

B. 车辆行驶过时应平顺，无突跳与噪声

C. 伸缩装置两侧预留槽混凝土在未满足设计强度 75% 前不得开放交通

D. 浇筑混凝土前用泡沫塑料将伸缩缝间隙填塞

E. 伸缩装置中心线与桥梁中心线错开

【解析】 安装时，应保证伸缩装置中心线与桥梁中心线重合。伸缩装置两侧预留槽混凝土强度在未满足设计要求前不得开放交通。

14. 钢梁制造企业应向安装企业提供（　　）文件。

A. 产品合格证

B. 钢梁制造环境的温度记录

C. 钢材检验报告

D. 工厂试拼装记录

E. 焊缝重大修补记录

【解析】钢梁制造企业应向安装企业提供下列文件：①产品合格证。②钢材和其他材料质量证明书和检验报告。③施工图，拼装简图。④工厂高强度螺栓摩擦面抗滑移系数试验报告。⑤焊缝无损检验报告和焊缝重大修补记录。⑥产品试板的试验报告。⑦工厂试拼装记录。⑧杆件发运和包装清单。

15. 关于双壁钢围堰施工要求，说法正确的是（　　）。

A. 拼焊后应进行焊接质量检验及水密性试验

B. 在浮运、下沉过程中，围堰露出水面的高度不应小于2m

C. 双壁钢围堰分节、分块的大小应按移运能力确定

D. 在水深或水急处浮运时，可在围堰两侧设导向船

E. 钢围堰浇筑水下封底混凝土之前应进行清基

【解析】在浮运、下沉过程中，围堰露出水面的高度不应小于1m。双壁钢围堰应按设计要求在工厂制作，其分节、分块的大小应按工地吊装和移运能力确定。故B、C选项错误。

参考答案

一、单项选择题

1. B	2. B	3. C	4. D	5. C
6. B	7. D	8. B	9. A	10. C
11. C	12. A	13. C	14. A	15. D
16. B	17. D	18. C	19. A	20. C
21. A	22. D	23. C	24. D	25. C

二、多项选择题

1. BCD	2. BCD	3. BE	4. ABE	5. ABDE
6. ABC	7. ABDE	8. ABCD	9. ABD	10. ABD
11. ABD	12. ABDE	13. CE	14. ACDE	15. ADE

3 城市隧道工程

一、单项选择题

1. 进行岩石破碎、出渣、支护，实行连续作业的一种施工方法是（　　）。

A. PBA 法
B. 钻爆法
C. 盾构法
D. TBM 法

【解析】TBM 法是通过全断面岩石掘进机（TBM）进行岩石破碎、出渣、支护，实行连续作业的一种施工方法。

2. 关于外拉锚支护体系，说法错误的是（　　）。

A. 适用于地质条件较好的有锚固力的地层
B. 锚杆注浆宜采用一次压力注浆工艺
C. 锚杆锚固段不宜设置在泥炭质土层内
D. 高水压力土层中的钢筋锚杆宜采用套管护壁成孔工艺

【解析】外拉锚支护体系：在地质条件较好的有锚固力的地层中，基坑支撑可采用拉锚形式。锚杆注浆宜采用二次压力注浆工艺。锚杆锚固段不宜设置在淤泥、淤泥质土、泥炭、泥炭质土及松散填土层内。在易塌孔的松散或稍密的砂土、碎石土、粉土、填土层，高液性指数的饱和黏性土层，高水压力的各类土层中，钢绞线锚杆、钢筋锚杆宜采用套管护壁成孔工艺。

3. 下列关于土钉墙支护的说法，错误的是（　　）。

A. 当基坑潜在滑动面内有建筑物时不宜采用土钉墙
B. 当基坑较深、土的抗剪强度较低时宜取较大坡比
C. 应沿土钉全长设置对中定位支架，其间距宜取 1.5~2.5m
D. 土钉钢筋保护层厚度不宜小于 20mm

【解析】土钉墙、预应力锚杆复合土钉墙的坡比不宜大于 1:0.2；当基坑较深、土的抗剪强度较低时，宜取较小坡比。

本题考核教材原文。备考时，考生应特别留意教材中的关键用词，如"严禁""不得""应""宜"等，这些地方都可能是选择题的出题点。另外，本题内容也可进行案例考核，通常第一年的选择题考点，后续年份会以案例题的形式出现，考生应对类似考点多加留意。

4. 基坑围护结构中，隔水性好，变位小，同时可兼作主体结构一部分的围护结构是（　　）。

A. 重力式水泥土墙
B. 地下连续墙
C. 灌注桩
D. SMW 工法桩

【解析】地下连续墙强度大，变位小，隔水性好，同时可兼作主体结构的一部分。重力式水泥土墙墙体变位大。灌注桩需降水或和止水措施配合使用，隔水性差。SMW 工法桩用

于软土地层时，一般变形较大。所以 A、C、D 选项均不正确。

本题表面上是一个选择题，其实是考核围护结构的施工工艺及特点。如果对这几种围护结构的施工工艺非常熟悉，那么这种选择题就等于是送分题。

5. 当基坑开挖较浅且未设支撑时，围护墙体水平变形表现为（　　）。

A. 墙顶位移最大，向基坑方向水平位移

B. 墙顶位移最大，背离基坑方向水平位移

C. 墙底位移最大，向基坑方向水平位移

D. 墙底位移最大，背离基坑方向水平位移

【解析】本题考核基坑的变形特征。当基坑开挖较浅，还未设支撑时，无论对刚性墙体（如水泥土搅拌桩墙、旋喷桩墙等）还是柔性墙体（如钢板桩、地下连续墙等），均表现为墙顶位移最大，向基坑方向水平位移，呈三角形分布。

本题从题干中的"未设支撑"可知墙顶位移最大，同时排除 C 和 D 两个选项；而基坑开挖较浅，水平变形一定是向基坑内，不可能背离基坑方向，从而排除 B 选项。

6. 适用于中砂以上的砂性土和有裂缝的岩石土层的注浆方法是（　　）。

A. 劈裂注浆

B. 渗透注浆

C. 压密注浆

D. 电动化学注浆

【解析】注浆法分为渗透注浆、劈裂注浆、压密注浆和电动化学注浆，对于地层密实度的要求也依次提高。中砂以上的砂性土和有裂隙的岩石适用于渗透注浆；对于低渗透性的土层则要采用劈裂注浆；中砂地基、有适宜的排水条件的黏土地基，必须用压密注浆，这种情况下渗透和劈裂已经起不到作用；而当地基土的渗透系数达到 $k < 10^{-4} cm/s$ 时，只靠一般静压力已经难以使浆液注入土的孔隙的地层，这时候就要采用电动化学注浆。因此，正确答案应为 B 选项。

另外，本题从字面上也可以分析出来选项，渗透注浆，顾名思义，需要浆液通道有一定的间隙才可以完成，而题干中的土层特意提到"中砂以上的砂性土和有裂缝的岩石土层"，证明有一定的缝隙，此时采用压密注浆或者电动化学注浆反而会造成浆液大面积流失，使得需要注浆部位很难达到预期效果的情况。

7. 关于后浇带施工，做法错误的是（　　）。

A. 后浇带混凝土浇筑前，应对外贴式止水带进行保护

B. 后浇带两侧的接缝表面清理干净，涂刷混凝土界面处理剂

C. 混凝土浇筑后应及时养护，养护时间不得少于 14d

D. 后浇带混凝土应一次浇筑，不得留设施工缝

【解析】后浇带混凝土应一次浇筑，不得留设施工缝；混凝土浇筑后应及时养护，养护时间不得少于 28d。

8. 关于小导管加固技术，说法错误的是（　　）。

A. 后端应支承在已架设好的钢格栅上并焊接牢固

B. 小导管端头应封闭并制成锥状，尾端设钢筋加强箍

C. 前后两排小导管的水平支撑搭接长度不应大于 1m

D. 注浆材料可采用普通水泥单液浆

【解析】超前小导管应从钢格栅的腹部穿过，后端应支承在已架设好的钢格栅上，并焊接牢固，前端嵌固在地层中。前后两排小导管的水平支撑搭接长度不应小于1m，故C选项错误。小导管其端头应封闭并制成锥状，尾端设钢筋加强箍。注浆材料可采用普通水泥单液浆、改性水玻璃浆、水泥-水玻璃双液浆等注浆材料。

9. 采用注浆法进行地基加固处理时，检测加固地层均匀性的方法不包括（ ）。

A. 标准贯入
B. 钻芯法
C. 面波
D. 轻型静力触探法

【解析】注浆加固土的强度具有较大的离散性，注浆检验应在加固后28d进行。可采用标准贯入、轻型静力触探法或面波等方法检测加固地层均匀性。

10. 下列对降水系统布设的说法，正确的是（ ）。

A. 面状降水工程，降水井点距开挖上口边线不宜小于0.8m。
B. 条状降水工程降水井必须双排布置
C. 在运土通道出口两侧应增设降水井
D. 降水区域场地狭小不可设置倾斜井点

【解析】面状降水工程，降水井点宜沿降水区域周边呈封闭状均匀布置，距开挖上口边线不宜小于1m，故A选项错误。线状、条状降水工程，降水井宜采用单排或双排布置，两端应外延布置降水井，外延长度为条状或线状降水井点围合区域宽度的1~2倍，故B选项错误。降水区域场地狭小或在涵洞、地下暗挖工程、水下降水工程，可布设水平、倾斜井点，故D选项错误。所以正确答案应为C选项。

11. 下列基坑放坡要求中，说法错误的是（ ）。

A. 放坡应以控制分级坡高和坡度为主
B. 当边坡有失稳迹象时可采取削坡处理
C. 上级放坡坡度宜缓于下坡放坡坡度
D. 分级放坡时，宜设置分级过渡平台

【解析】下级放坡坡度宜缓于上级放坡坡度。当边坡有失稳迹象时，应及时采取削坡、坡顶卸荷、坡脚压载或其他有效措施。

【相关知识点】放坡开挖时应及时做好坡脚、坡面的防护措施。常用的防护措施有：叠放砂包或土袋、水泥砂浆或细石混凝土抹面、挂网喷浆或混凝土、锚杆喷射混凝土护面、塑料膜或土工织物覆盖坡面等。

12. 关于单侧支撑体系施工，说法错误的是（ ）。

A. 模板利用斜撑调整和固定其垂直度
B. 合模前必须通过隐蔽工程验收
C. 围护结构与主体结构为分离式时侧墙采用单侧支撑体系
D. 防止拆模后露筋需安装墙体主筋保护层垫块

【解析】城市隧道围护结构与主体结构为分离式结构形式时，侧墙一般采用对拉螺栓模板体系；城市隧道围护结构与主体结构墙为复合墙结构形式时，主体结构侧墙一般采用单侧支撑体系。

13. 关于结构混凝土浇筑施工，做法错误的是（　　）。

A. 底板混凝土应沿线路方向分层留台阶灌注

B. 墙体混凝土左右对称、水平、分层连续灌注

C. 为保证结构整体性，墙体与顶板应连续不间断浇筑

D. 混凝土柱可单独施工，并应水平、分层灌注

【解析】墙体混凝土左右对称、水平、分层连续灌注，至顶板交界处间歇 1~1.5h，然后灌注顶板混凝土。故 C 选项错误。

14. 关于马头门施工技术说法，正确的是（　　）。

A. 同一竖井内的马头门可同时施工

B. 开启同一竖井内标高不同的马头门时宜"先高后低"

C. 一侧隧道掘进 10m 后，方可开启另一侧马头门

D. 宜按照"拱部→侧墙→底板"的顺序破除竖井井壁

【解析】马头门开启应按顺序进行，同一竖井内的马头门不得同时施工。一侧隧道掘进 15m 后，方可开启另一侧马头门。马头门标高不一致时，宜遵循"先低后高"的原则。马头门的开挖应分段破除竖井井壁，宜按照先拱部、再侧墙、最后底板的顺序破除。

15. 采用浅埋暗挖施工隧道，土方开挖时宜用（　　）控制中线。

A. 激光铅垂仪　　　　　　　　　　　B. 激光准直仪

C. 隧道断面仪　　　　　　　　　　　D. 水准仪

【解析】宜用激光准直仪控制中线和隧道断面仪控制外轮廓线。水准仪多用来测量构筑物标高（高程）。激光铅垂仪一般用于垂直测量和定向。

二、多项选择题

1. 关于隔水帷幕施工技术，下列做法错误的有（　　）。

A. 地下水流速较大时，压力注浆法帷幕应从水头低的一端开始注浆

B. 地下水位较高、渗透性较强的地层可采用双排高压喷射注浆帷幕

C. 钢板桩式隔水帷幕沉桩前，可在锁口内嵌填黄油或沥青

D. 咬合式排桩帷幕采用软切割工艺时，加筋桩应在非加筋桩终凝前施工

E. 地下水位较高、渗透性较强的地层宜采用双排搅拌桩截水帷幕

【解析】压力注浆法帷幕：当地下水流速较大时，应从水头高的一端开始注浆。

咬合式排桩帷幕：当采用软切割工艺施工时，加筋桩应在非加筋桩初凝前进行施工，并应确保相互咬合。

2. 地铁车站明挖基坑采用钻孔灌注桩围护结构时，围护施工常采用的成孔设备有（　　）。

A. 水平钻机　　　　　　　　　　　　B. 螺旋钻机

C. 夯管机　　　　　　　　　　　　　D. 冲击式钻机

E. 正反循环钻机

【解析】钻孔灌注桩一般采用机械成孔。地铁明挖基坑中多采用螺旋钻机、冲击式钻机和正反循环钻机、旋挖钻机等。

本题可以使用排除法来确定正确答案。水平定向钻和夯管机都是用于管道水平施工的技术，因此不可能用于围护桩的竖向施工。由此可排除 A、C 选项。本题正确答案应为 B、D、E 选项。

3. 当地下连续墙作为主体地下结构外墙，且需要形成整体墙时，宜采用的接头有（　　）。

 A. 锁口管接头   B. 波纹管接头

 C. 一字形钢板接头   D. 十字形钢板接头

 E. 钢筋承插式接头

【解析】 地下连续墙宜采用圆形锁口管接头、波纹管接头、楔形接头、工字钢接头或混凝土预制接头等柔性接头。当地下连续墙作为主体地下结构外墙，且需要形成整体性墙体时，宜采用刚性接头；刚性接头可采用一字形或十字形穿孔钢板接头、钢筋承插式接头等。

4. 基坑内被动区加固平面布置常用的形式有（　　）。

 A. 格栅式加固   B. 岛式加固

 C. 裙边加固   D. 抽条加固

 E. 满堂加固

【解析】 基坑内被动土压区加固形式主要有墩式加固、裙边加固、抽条加固、格栅式加固和满堂加固。

5. 采用高压喷射注浆法加固，具有良好处理效果的地基有（　　）。

 A. 软塑黏性土   B. 硬黏性土

 C. 灌木地区土质   D. 碎石土

 E. 素填土

【解析】 高压喷射注浆法对淤泥、淤泥质土、黏性土（流塑、软塑和可塑）、粉土、砂土、黄土、素填土和碎石土等地基都有良好的处理效果。但对于硬黏性土，含有较多的块石或大量植物根茎的地基，因喷射流可能受到阻挡或削弱，冲击破碎力急剧下降，切削范围小或影响处理效果。

6. 关于隧道全断面暗挖法施工，说法正确的有（　　）。

 A. 可减少开挖对围岩的扰动次数

 B. 围岩必须有足够的自稳能力

 C. 自上而下一次开挖成形并及时进行初期支护

 D. 适用于地表沉降难以控制的隧道

 E. 适宜大中型机械作业

【解析】 全断面开挖法适用于土质稳定、断面较小的隧道施工，适宜人工开挖或小型机械作业，所以 D、E 选项不符合题意。全断面开挖法采取自上而下一次开挖成形，沿着轮廓开挖，按施工方案一次进尺并及时进行初期支护。全断面开挖法的优点是可以减少开挖对围岩的扰动次数，有利于围岩天然承载拱的形成，工序简便；缺点是对地质条件要求严格，围岩必须有足够的自稳能力。本题正确答案应为 A、B、C 选项。

地表沉降难以控制的隧道，在开挖时，开挖面的断面应尽量使用小断面，全断面是最不适用的。

【相关知识点】 ①台阶开挖法适用于土质较好的隧道施工，以及软弱围岩、第四纪沉积地层隧道。②台阶开挖法将结构断面分成上下两个工作面分步开挖。③台阶开挖法优点是具有足够的作业空间和较快的施工速度，灵活多变，适用性强。

7. 浅埋暗挖法关于初期支护施工的说法，正确的有（   ）。

A. 喷射混凝土应分段、分片、分层自上而下依次进行

B. 分层喷射时后一层喷射应在前一层混凝土初凝后进行

C. 背后回填注浆应合理控制注浆量和注浆压力

D. 注浆结束后宜用雷达等检测手段检测回填效果

E. 可在初期支护背后多次进行回填注浆

【解析】 喷射混凝土应分段、分片、分层自下而上依次进行。分层喷射时，后一层喷射应在前一层混凝土终凝后进行。故 A、B 选项错误。

8. 基坑内地基加固的主要目的有（   ）。

A. 减少围护结构位移   B. 提高坑内土体强度

C. 提升土体侧向抗力   D. 防止坑底土体隆起

E. 减少围护结构的主动土压力

【解析】 基坑地基加固的目的：①基坑内加固提升土体的强度和土体的侧向抗力，减少围护结构位移，进而保护基坑周边建筑物及地下管线；防止坑底土体隆起破坏；防止坑底土体渗流破坏；弥补围护墙体插入深度不足等。②基坑外加固主要是止水，有时也可减少围护结构承受的主动土压力。E 选项是基坑外加固的目的。

9. 基坑开挖应对（   ）项目进行验收。

A. 回填密实度   B. 地质描述

C. 基坑高程   D. 基坑平整度

E. 开挖的坡度

【解析】 基坑开挖应对下列项目进行验收：基坑平面位置、宽度、高程、平整度、地质描述，基坑降水，基坑放坡开挖的坡度和围护桩及连续墙支护的稳定情况，地下管线的悬吊和基坑便桥稳固情况。

【相关知识点】 基坑回填质量验收的主控项目有：①基坑回填土的土质、含水率应符合设计文件要求。②基坑回填宜分层、水平机械压实，压实后的厚度应根据压实机械确定，且不应大于 0.3m；结构两侧应水平、对称同时填压；基坑分段回填接槎处，已填土坡应挖台阶，其宽度不应小于 1.0m，高度不应大于 0.5m。

10. 关于城市隧道工程季节性施工措施，说法错误的有（   ）。

A. 涂料防水层不得在烈日暴晒时施工

B. 混凝土高温施工时，侧模拆除前宜带模湿润养护

C. 卷材防水层严禁在雨天、雾天施工

D. 卷材防水层冷粘法、自粘法施工的环境气温不宜低于 10℃

E. 负温下安装柱子、主梁、支撑大构件不得进行永久固定

【解析】 冷粘法、自粘法施工的环境气温不宜低于 5℃，热熔法、焊接法施工的环境气温不宜低于-10℃。在负温下安装柱子、主梁、支撑大构件时应立即进行校正，位置校正正

确后应立即进行永久固定。故 D、E 选项错误。

11. 关于基坑工程内支撑体系的布置及施工，说法正确的有（　　）。

A. 宜采用对称平衡性、整体性强的结构形式

B. 应有利于基坑土方开挖和运输

C. 应与主体结构的结构形式、施工顺序相协调

D. 必须坚持先开挖后支撑的原则

E. 围檩与围护结构之间应预留变形用的缝隙

【解析】本题考核内支撑体系的布置及施工。A、B、C 选项明显没有问题，都是最基本的要求。必须强调的一点是：内支撑结构施工必须坚持先支撑后开挖的原则。"先撑后挖"能够有效地保证施工安全。围檩与围护结构之间应紧密接触，不得留有缝隙，因为如果留有缝隙的话，支护结构就会松动甚至达不到支护作用，所以钢支撑才要施加预应力，目的就是消除拼装间隙，保证支撑体系连接紧密，支撑稳固。故 D、E 选项错误。

12. 首次使用的混凝土配合比应进行开盘鉴定，其（　　）等应满足设计配合比要求。

A. 原材料　　　　　　　　　　　　　B. 强度

C. 拌合时间　　　　　　　　　　　　D. 凝结时间

E. 刚度

【解析】首次使用的混凝土配合比应进行开盘鉴定，其原材料、强度、凝结时间、稠度等应满足设计配合比要求。

参考答案

一、单项选择题

1. D	2. B	3. B	4. B	5. A
6. B	7. C	8. C	9. B	10. C
11. C	12. C	13. C	14. D	15. B

二、多项选择题

1. AD	2. BDE	3. CDE	4. ACDE	5. ADE
6. ABC	7. CDE	8. ABCD	9. BCDE	10. DE
11. ABC	12. ABD			

4 城市管道工程

一、单项选择题

1. 关于沟槽开挖的说法,正确的是（ ）。

A. 机械开挖时,可以直接挖至槽底高程

B. 槽底土层为杂填土时,应全部挖除

C. 槽底受水浸泡时,宜用挖槽原土回填夯实

D. 无论土质如何,槽壁必须垂直平顺

【解析】槽底原状地基土不得扰动,机械开挖时槽底预留200~300mm土层,由人工开挖至设计高程,整平,故A选项错误。槽底土层为杂填土、腐蚀性土时,应全部挖除并按设计要求进行地基处理,故B选项正确。槽底不得受水浸泡或受冻,槽底局部扰动或受水浸泡时,宜采用天然级配砂砾石或石灰土回填,而不是简单地用挖槽原土回填夯实,故C选项错误。D选项叙述"无论土质如何,槽壁必须垂直平顺"是不合理的。例如土质较好,基坑较浅可以选择垂直开挖,而土质较差,则可以考虑放坡。综上所述,本题正确答案应为B选项。

【相关知识点】①人工开挖沟槽的槽深超过3m时应分层开挖,每层的深度不超过2m。②人工开挖多层沟槽的层间留台宽度:放坡开槽时不应小于0.8m;直槽时不应小于0.5m;安装井点设备时不应小于1.5m。

2. 关于管道安装要求,说法错误的是（ ）。

A. 管道任何位置不得有十字形焊缝

B. 焊接时管内壁错边量不宜超过管壁厚度的20%且不得大于2mm

C. 采用电熔连接接口时,应选择在当日温度最高时进行

D. 管节、管件下沟前,必须对管节外观质量进行检查

【解析】采用电熔连接、热熔连接接口时,应选择在当日温度较低或接近最低时进行。

3. 关于管道回填要求说法,正确的是（ ）。

A. 管道两侧压实面的高差不应超过200mm

B. 管内径大于800mm的柔性管道,回填时管内设竖向支撑

C. 井室、雨水口周围应先于管道沟槽回填

D. 沟槽回填每层回填高度应不大于300mm

【解析】管道两侧和管顶以上500mm范围内胸腔夯实,应采用轻型压实机具,管道两侧压实面的高差不应超过300mm,故A选项错误。管内径大于800mm的柔性管道,回填施工时应在管内采取预变形措施,并不得损坏管道。管内设竖向支撑属于采取预变形措施的一种,故B选项正确。井室、雨水口及其他附属构筑物周围回填应与管道沟槽回填同时进行,

不便同时进行时，应在沟槽回填压实土层距井室不小于 400mm 处预留台阶形接槎，故 C 选项错误。沟槽回填从管底基础部位开始到管顶以上 500mm 范围内，采用人工回填；管顶 500mm 以上部位，可用机械从管道轴线两侧同时夯实；每层回填高度应不大于 200mm；故 D 选项错误。

4. 给水管道水压试验时，向管道内注水浸泡的时间，正确的是（　　）。

A. 有水泥砂浆衬里的球墨铸铁管不少于 12h

B. 有水泥砂浆衬里的钢管不少于 24h

C. 内径不大于 1000mm 的自应力混凝土管不少于 36h

D. 内径大于 1000mm 的预应力钢筒混凝土管不少于 48h

【解析】本题关键在于数字，可以归类记忆。除混凝土管外，球墨铸铁管（有水泥砂浆衬里）、钢管（有水泥砂浆衬里）、化学建材管浸泡时间都不少于 24h。而混凝土管［包括现浇钢筋混凝土管渠、预（自）应力混凝土管、预应力钢筒混凝土管］的浸泡时间又分为两类：内径小于 1000mm 的混凝土管不少于 48h；内径大于 1000mm 的混凝土管不少于 72h。所以本题正确答案为 B 选项。

5. 构成大城市输配管网系统外环网的是城市（　　）燃气管道。

A. 高压 　　　　　　　　　　　 B. 低压

C. 中压 A 　　　　　　　　　　 D. 中压 B

【解析】一般由城市高压或次高压燃气管道构成大城市输配管网系统的外环网，次高压燃气管道也是给大城市供气的主动脉。

6. 下列不属于夯管锤锤击力确定的依据是（　　）。

A. 钢管力学性能 　　　　　　　 B. 管道长度

C. 周围环境条件 　　　　　　　 D. 管道的防腐层

【解析】夯管锤的锤击力应根据管径、钢管力学性能、管道长度，结合工程地质、水文地质和周围环境条件，经过技术经济比较后确定，并应有一定的安全储备；夯管法适用于城镇区域下穿较窄道路的地下管道施工。

7. 关于燃气埋地输配管道的最小直埋深度，做法正确的是（　　）。

A. 埋设在车行道下时，最小直埋深度为 0.9m

B. 埋设在车行道下时，最小直埋深度不应小于 0.8m

C. 埋设在人行道下时，最小直埋深度为 0.5m

D. 埋设在田地下时，最小直埋深度为 0.5m

【解析】地下燃气管道埋设的最小覆土厚度（路面至管顶）应符合下列要求：埋设在机动车道下时，最小直埋深度不得小于 0.9m；人行道及田地下的最小直埋深度不应小于 0.6m。

8. 关于燃气管道随桥梁敷设的说法，错误的是（　　）。

A. 敷设于桥梁上的燃气管道应采用加厚的无缝钢管或焊接钢管

B. 管道可以免去防腐保护

C. 管道应设置必要的补偿和减振措施

D. 采用阴极保护的埋地钢管与随桥管道之间应设置绝缘装置

【解析】 对管道应做较高等级的防腐保护。

【相关知识点】 燃气管道穿越电车轨道或城镇主要干道、高速公路时，宜敷设在套管或管沟内；穿越铁路的燃气管道的套管两端与燃气管的间隙应采用柔性防腐、防水材料密封，其一端应装设检漏管。

9. 对首次使用的钢管、焊接材料、焊接方法、焊后热处理等，应进行（　　）。

A. 焊接工艺评定

B. 焊接作业指导

C. 焊口编号整理

D. 管口焊接评测

【解析】 焊接工艺评定：施工单位首先编制作业指导书并试焊，对首次使用的钢管、焊接材料、焊接方法、焊后热处理等，应进行焊接工艺评定，并根据评定报告确定焊接工艺。

10. 关于聚乙烯燃气管道连接的说法，错误的是（　　）。

A. 不同标准尺寸比（SDR值）的材料，应使用热熔连接

B. 不同级别（PE80和PE100）材料，应使用电熔连接

C. 聚乙烯管材与管件、阀门的连接不得采用螺纹连接

D. 管道连接时确保管道"同心"，避免强力组对

【解析】 不同级别（PE80和PE100）、熔体质量流动速率差值不小于0.5g/10min（190℃，5kg）、焊接端部标准尺寸比（SDR）不同、公称小于90mm或壁厚小于6mm的聚乙烯管材、管件和阀门，应采用电熔连接。本题A选项故意把电熔换成热熔，考核对两种焊接方法的认知清晰度。所以A选项叙述错误，B选项叙述正确。

聚乙烯管材与管件、阀门的连接，应根据不同连接形式选用专用的熔接设备，不得采用螺纹连接或粘接。管道连接时固定夹具应夹紧固牢，并确保管道"同心"，同时应避免强力组对。故C、D选项均叙述正确。

11. 关于燃气管网附属设备安装要求的说法，正确的是（　　）。

A. 阀门手轮安装向下，便于启阀

B. 可以用补偿器变形调整管位的安装误差

C. 凝水缸和放散管均应设在管道高处

D. 地下燃气管道的阀门设置在阀门井内

【解析】 阀门手轮不得向下，避免仰脸操作，故A选项错误。安装时不得用补偿器的变形来调整管道的安装误差，故B选项错误。管道敷设时应有一定坡度，以便在最低处设排水器（凝水缸），将汇集的水或油排出。放散管用来排放管道内部的空气或燃气的装置，应装在最高点和每个阀门之前（按燃气流动方向），故C选项错误。地下燃气管道上的阀门一般都设置在阀门井内。所以本题正确答案为D选项。

本题也可以分析作答。A选项阀门手轮安装向下，属于常识性错误，阀门手轮向上才是便于开启。补偿器的作用是调整因管道热胀冷缩而出现长度的变化，所以补偿器安装时将其调整到补偿零点时所在位置，因此B选项错误。燃气管道输送的是可燃气体，即便不清楚凝水缸为何物，但顾名思义也知道大概率是汇集水的，水往低处流是生活中的常识，所以C选项错误。

12. 可采用清管球吹扫的燃气管道是（　　　）。

A. 球墨铸铁管道

B. 聚乙烯管道

C. 长度 80m 的钢质管道

D. 公称直径 100mm 的钢质管道

【解析】管道吹扫：①球墨铸铁管道、聚乙烯管道和公称直径小于 100mm 或长度小于 100m 的钢质管道，可采用气体吹扫。②公称直径大于或等于 100mm 的钢质管道，宜采用清管球进行清扫。

13. 设置在热力管道的补偿器，只允许管道沿自身轴向自由移动的支架是（　　　）。

A. 导向支架　　　　　　　　　　B. 固定支架

C. 滚动支架　　　　　　　　　　D. 滑动支架

【解析】滑动支架及滚动支架：管道在该处允许有较小的轴向自由伸缩。固定支架：管道在该点无任何方向位移，均匀分配补偿器之间管道的伸缩量，保证补偿器正常工作。导向支架只允许管道沿自身轴向自由移动。因此本题正确答案为 A 选项。

14. 供热管道安装补偿器的主要目的是（　　　）。

A. 保护固定支架　　　　　　　　B. 消除温度应力

C. 方便管道焊接　　　　　　　　D. 利于设备更换

【解析】供热管道随着输送热媒温度的升高，管道将产生热伸长。如果这种热伸长不能得到释放，就会使管道承受巨大的压力，甚至造成管道破裂损坏。为了避免管道由于温度变化而引起的应力破坏，保证管道在热状态下的稳定和安全，必须在管道上设置各种补偿器，以释放管道的热伸长及减弱或消除因热膨胀而产生的应力。当然，补偿器也的确可以起到方便设备更换的目的，但是题干是主要目的。由此可以判断，B 选项为正确答案。

15. 关于供热管网工程试运行的说法，错误的是（　　　）。

A. 供热管线工程应与换热站工程联合进行试运行

B. 试运行时间应为达到试运行参数条件下连续运行 72h

C. 蒸汽管网工程的试运行不得带热负荷进行

D. 低温试运行期间应重点检查支架的工作状况

【解析】①供热管线工程应与换热站工程联合进行试运行。试运行应在设计参数下进行。试运行时间应为达到试运行参数条件下连续运行 72h。在低温试运行期间，应对管道、设备进行全面检查，支架的工作状况应做重点检查，故 A、B、D 选项正确。②蒸汽管网工程的试运行应带热负荷进行，试运行前应进行暖管，暖管合格后方可略开启阀门，缓慢提高蒸汽管的压力，故 C 选项错误。

16. 下列不属于沟槽回填主要控制项目的是（　　　）。

A. 柔性管道的变形率　　　　　　B. 回填材料

C. 回填土压实度　　　　　　　　D. 管道抗压强度

【解析】沟槽回填主要控制项目：回填材料；柔性管道的变形率；有功能性试验要求的管道，试验合格；回填土压实度。

17. 关于现浇钢筋混凝土检查井的施工，做法错误的是（　　）。

A. 检查井的混凝土基础应与管道基础同时浇筑

B. 排水管道接入检查井时管口外缘应与井内壁平齐

C. 井室浇筑完成后及时安装踏步

D. 踏步安装后混凝土未达到规定抗压强度等级前不得踩踏

【解析】现浇钢筋混凝土结构的井室浇筑时应同时安装踏步，踏步安装后在混凝土未达到规定抗压强度等级前不得踩踏。

18. 直埋蒸汽管道应设置（　　）。

A. 放散管　　　　　　　B. 排污管　　　　　　　C. 排潮管　　　　　　　D. 检漏管

【解析】本题考核供热管道施工技术及要求。直埋蒸汽管道应设置排潮管；放散管属于燃气管道的附属设备之一，是用来排放管道内部的空气或燃气的装置。排污管用于管网的清洗；在穿越铁路的燃气管道中，套管的一端应安装检漏管。检漏管是一种检测管道中潜在泄漏的装置，可以及时发现燃气泄漏情况，保障燃气管道安全运行。故本题正确答案应为C选项。

本题在教材上的知识点是分散的，所以考生看书时要仔细。排潮管是排除工作管与外护管之间水汽的导管，是直埋蒸汽管道不可缺少的重要组成部分。设置排潮管的原因是：保温管在工厂生产、运输及安装过程中不可避免地含有或者会吸收一些潮气甚至少量水分，这些潮气或水分在管道运行时经管内蒸汽加热就会形成蒸汽，如不及时排除，会使保温层间的温度、压力升高，很容易发生爆管事故。排潮管不但有排潮的功能，还可以通过观察其排出的汽量来确定管段的渗泄情况。

19. 水平定向钻扩孔施工时，扩孔钻头连接顺序为（　　）。

A. 钻杆、扩孔钻头、分动器、转换卸扣、钻杆

B. 扩孔钻头、钻杆、分动器、转换卸扣、钻杆

C. 扩孔钻头、钻杆、转换卸扣、分动器、钻杆

D. 钻杆、扩孔钻头、转换卸扣、分动器、钻杆

【解析】导向孔施工完成后，应根据待铺设管线的管径等选择扩孔钻头。扩孔钻头连接顺序为：钻杆、扩孔钻头、分动器、转换卸扣、钻杆。

20. 关于热力管道阀门安装要求的说法，错误的是（　　）。

A. 阀门不得作为管道末端的堵板使用

B. 不得用阀门手轮作为吊装的承重点

C. 焊接安装时，焊机地线应搭在同侧焊口的钢管上

D. 水平安装的闸阀、截止阀的阀杆应处于下半周范围内

【解析】水平安装的闸阀、截止阀的阀杆应处于上半周范围内，故D选项错误。

二、多项选择题

1. 下列符合顶管纠偏要求的有（　　）。

A. 在顶进中及时纠偏　　　　　　　　　B. 采用小角度纠偏方式

C. 采用挖土纠偏方式　　　　　　　　　D. 调整掘进速度纠偏方式

E. 纠偏时开挖面土体保持稳定

【解析】顶管纠偏符合下列要求：①顶管过程中应绘制顶管机水平与高程轨迹图、顶力变化曲线图、管节编号图，随时掌握顶进方向和趋势。②在顶进中及时纠偏。③采用小角度纠偏方式。④纠偏时开挖面土体应保持稳定；采用挖土纠偏方式，超挖量应符合地层变形控制和施工设计要求。⑤刀盘式顶管机应有纠正顶管机旋转的措施。

2. 关于无压管道闭水试验的说法，正确的有（　　）。

A. 试验管段按井距分隔，抽样选取，不带井试验

B. 条件允许时一次试验不超过5个连续井段

C. 管内径大于700mm时，可抽取井段数的1/3试验

D. 开槽施工管道已回填土且沟槽内无积水

E. 试验不合格时，抽样井段数量在原抽样基础上加倍进行试验

【解析】无压管道闭水试验：开槽施工管道未回填土且沟槽内无积水，故D选项错误。水管道的试验长度：①试验管段应按井距分隔，抽样选取，带井试验；若条件允许可一次试验不超过5个连续井段。②当管道内径大于700mm时，可按管道井段数量抽样选取1/3进行试验；试验不合格时，抽样井段数量应在原抽样基础上加倍进行试验。故A选项错误，B、C、E选项正确。

3. 水平定向钻施工时，扩孔应严格控制（　　）等技术参数。

A. 回拖速率　　　　　　　　B. 扭矩

C. 泥浆流量　　　　　　　　D. 转速

E. 回拉力

【解析】水平定向钻施工应注意区分扩孔和回拖施工的技术参数：①扩孔应严格控制回拉力、转速、泥浆流量等技术参数，确保成孔稳定和线形要求，无坍孔、缩孔等现象。②回拖应从出土点向入土点连续进行，应采用匀速慢拉的方法，严禁硬拉硬拖，严格控制钻机回拖力、扭矩、泥浆流量、回拖速率等技术参数。

4. 在采取套管保护措施的前提下，地下燃气管道可穿越（　　）。

A. 加气站　　　　　　　　　B. 商场

C. 高速公路　　　　　　　　D. 铁路

E. 化工厂

【解析】地下燃气管道不得从建筑物和大型构筑物（不含架空的建筑物和大型构筑物）以及堆积易燃、易爆材料和具有腐蚀性液体的场地下面穿越。加气站、化工厂属于堆积易燃、易爆材料和具有腐蚀性液体的场地，容易使燃气管道受到腐蚀和破坏，商场属于建筑物，也是人员密集区域，燃气管道发生危险容易造成人身和建筑物受到损害，所以下面均不得有燃气管道穿越，故A、B、E选项都可排除。穿越铁路和高速公路的燃气管道，其外应加套管，是为了防止车辆通过时扰动燃气管道，另外，套管有一定的承载功能，可保证燃气管道不被压坏。

5. 新建市政公用工程不开槽成品管的常用施工方法有（　　）。

A. 顶管法　　　　　　　　　B. 夯管法

C. 裂管法　　　　　　　　　D. 沉管法

E. 盾构法

【解析】市政公用工程常用的不开槽管道施工方法有浅埋暗挖法、盾构法、顶管法、水平定向钻法、夯管法等。

本题还可通过分析得出正确答案。首先可以排除的是 C 选项裂管法，裂管法又称破管外挤，是管道更换时采用的一种方法，新建管道不会采用这种工法。D 选项沉管法是在水底建筑隧道的一种施工方法，不适合城市管道施工。其实本题的难点在于 E 选项盾构法，注意题干中叙述的是"新建市政公用工程不开槽成品管的常用施工方法有……"，盾构法在市政工程中用于不开槽管道的施工，但需要注意的是，盾构法施工的管片虽然是成品，但管道的成型是在施工过程中通过拼接管片完成的，因此盾构法不符合题目要求。所以本题正确答案为 A、B 选项。

6. 燃气管道附属设备应包括（　　）。

A. 阀门　　　　　　　　　　　　B. 放散管

C. 补偿器　　　　　　　　　　　D. 疏水器

E. 绝缘接头

【解析】本题考核燃气管道包含的附属设备。燃气管道附属设备包括阀门、绝缘接头、补偿器、排水器、放散管、阀门井等。

本题是需要记忆的知识点。疏水器又称滤水盒，用来排除蒸汽管路中的冷凝水，所以 D 选项不符合题意。而用于燃气管道的排水器（凝水器、凝水缸），是为了排除燃气管道中的冷凝水和石油伴生气管道中的轻质油，管道敷设时应有一定坡度，以便在最低处设排水器，将汇集的水或油排出。两个名称一字之差，千万不能混为一谈。

【相关知识点】燃气管道要求介质单向流通的阀门有：安全阀、减压阀、止回阀等；要求介质由下而上通过阀座的阀门是截止阀。

7. 关于供热管道支、吊架安装的说法，错误的有（　　）。

A. 固定支架卡板和支架结构接触面不得焊接

B. 管道支、吊架处不应有管道焊缝

C. 调整支承面标高的垫板不得与钢结构焊接

D. 有角向型补偿器的管段应与管道同时进行安装与固定

E. 弹簧支、吊架的临时固定件应在试压前拆除

【解析】管道支架支承面的标高可采用加设金属垫板的方式进行调整，垫板不得大于两层，厚的宜放在下面，垫板应与预埋铁件或钢结构进行焊接，不得加于管道和支座之间，故 C 选项错误。弹簧的临时固定件应在管道安装、试压、保温完毕后拆除，故 E 选项错误。

8. 关于换热站工程施工的说法，错误的有（　　）。

A. 管道与泵或阀门连接后，不应再对该管焊接和气割

B. 泵在额定工况下连续试运转的时间不应少于 2h

C. 安全阀的排气管应接到室内安全地点

D. 装设胀锚螺栓可以采用预留孔

E. 泵的吸入和输出管道可采用共用支架

【解析】蒸汽管道和设备上的安全阀应有通向室外的排汽管，热水管道和设备上的安全

阀应有接到安全地点的排水管，并应有足够的截面积和防冻措施确保排放通畅，故 C 选项错误。装设胀锚螺栓的钻孔不得与基础或构件中的钢筋、预埋管和电缆等埋设物相碰，且不得采用预留孔，故 D 选项错误。泵的吸入管道和输出管道应有各自独立、牢固的支架，泵不得直接承受系统管道、阀门等的重量和附加力矩，故 E 选项错误。

9. 下列供热管道施工质量控制要求，正确的有（   ）。

A. 直埋保温管道管顶以上不小于 300mm 处应铺设警示带

B. 固定支架的安装应检查位置、结构情况、混凝土浇筑前后情况

C. 活动支架的偏移方向、偏移量及导向性能应符合设计要求

D. 热力管道强度和严密性试验中发现渗漏应立刻处理

E. 导向、滑动、滚动支架和吊架不得有歪斜及卡涩现象

【解析】热力管道的强度和严密性试验，当试验过程中发现渗漏时，严禁带压处理，故 D 选项错误。

10. 下列做法符合金属管道安装与焊接要求的有（   ）。

A. 两相邻管道连接时，纵向焊缝应焊成十字形焊缝

B. 管道支架处不得有环形焊缝

C. 管道焊口不得置于建（构）筑物的墙壁中

D. 可以采用夹焊金属填充物的方法进行对口焊接

E. 管道安装顺序一般为：主线→检查室→支线

【解析】钢管对口时，纵向焊缝之间应相互错开 100mm 弧长以上，管道任何位置不得有十字形焊缝，故 A 选项错误。不得采用在焊缝两侧加热延伸管道长度、螺栓强力拉紧、夹焊金属填充物和使补偿器变形等方法强行对口焊接，故 D 选项错误。所以本题正确答案应为 B、C、E 选项。

【相关知识点】管道两相邻环形焊缝中心之间的距离应大于钢管外径，且不得小于150mm。管道穿越建（构）筑物的墙板处应按设计要求安装套管，穿墙套管两侧与墙面距离应大于 20mm；套管高出楼板面的距离应大于 50mm。套管与管道之间的空隙应采用柔性材料填充。

11. 聚乙烯燃气管道相比钢管的优点有（   ）。

A. 耐腐蚀
B. 承压能力高

C. 造价低
D. 可蜿蜒敷设

E. 柔韧性好

【解析】与传统金属管材相比，聚乙烯管道具有重量轻、耐腐蚀、阻力小、柔韧性好、节约能源、安装方便、造价低等优点，受到了城镇燃气行业的青睐。另外一个优点是可缠绕，可做深沟熔接，可使管材顺着深沟蜿蜒敷设，减少接头数量，抗内、外部及微生物的侵蚀，内壁光滑且流动阻力小，导电性弱，无须外层保护及防腐，有较好的气密性，气体渗透率低，维修费用低，经济优势明显。但与钢管相比，聚乙烯管也有使用范围小、易老化、承压能力低、抗破坏能力差等缺点，所以聚乙烯管材一般用于中、低压燃气管道中，但不得用于室外明设的输配管道。

12. 城市管道工程冬期施工措施说法，不正确的有（　　）。

A. 土方开挖当日未见槽底时，可将槽底 300mm 刨松

B. 基础下的土层已经受冻后继续基础施工时，应将冻层挖除

C. 管道沟槽两侧及管顶以上 500mm 范围内冻土含量不超 15%

D. 冬期进行水压试验时水中不得加食盐

E. 冬期进行水压试验时管身应填土至管顶以上 500mm

【解析】管道沟槽两侧及管顶以上 500mm 范围内不得回填冻土，沟槽其他部分冻土含量不得超过 15%，冻块不得大于 100mm 且不得集中，并应按常温规定分层夯实，应预留沉降量，故 C 选项错误。冬期进行水压试验时管身应填土至管顶以上 500mm。根据现场条件，水中宜加食盐防冻。试压合格后，应及时将水放空，故 D 选项错误。

13. 对于不通航河流，燃气管道至河床的覆土厚度应根据（　　）确定。

A. 水流冲刷条件　　　　　　　　　B. 规划河床标高确定

C. 满足疏浚要求　　　　　　　　　D. 满足投锚深度要求

E. 水流的流速

【解析】燃气管道至河床的覆土厚度应根据水流冲刷条件及规划河床标高确定，对于通航河流，还应满足疏浚和投锚深度要求。

参考答案

一、单项选择题

1. B	2. C	3. B	4. B	5. A
6. D	7. A	8. B	9. A	10. A
11. D	12. D	13. A	14. B	15. C
16. D	17. C	18. C	19. A	20. D

二、多项选择题

1. ABCE	2. BCE	3. CDE	4. CD	5. AB
6. ABCE	7. CE	8. CDE	9. ABCE	10. BCE
11. ACDE	12. CD	13. AB		

5 城市综合管廊工程

一、单项选择题

1. 宜设置在道路绿化带、人行道或非机动车道下的是（　　）。

A. 支线综合管廊　　　　　　　　　　B. 干线综合管廊

C. 缆线综合管廊　　　　　　　　　　D. 所有综合管廊

【解析】干线综合管廊宜设置在机动车道、道路绿化带下。支线综合管廊宜设置在道路绿化带、人行道或非机动车道下。缆线综合管廊宜设置在人行道下。

2. 盾构法施工综合管廊的优点不包括（　　）。

A. 对地面和周边环境影响小

B. 不受自然环境和气候条件影响

C. 适宜于建造埋深大、距离长的城市管网建设

D. 对结构断面尺寸多变的区段适应能力较好

【解析】盾构法施工综合管廊，对地面和周边环境影响小，不受自然环境和气候条件影响。适合下穿道路、河流或建筑物等各种障碍物，且线位上有建造盾构井的条件。适用于埋深大、距离长、曲线半径小、断面尺寸变化少、连续的施工长度不小于300m的城市管网建设。故本题正确答案应为D选项。

【相关知识点】综合管廊施工方法：明挖法现浇适用于城市新建区和埋深较浅的管网建设。明挖法预制拼装适用于城市新建区和埋深较浅、垂直、水平变化较少的管网建设。顶管法适合穿越铁路、河流、过街通道、出入口等。浅埋暗挖法适合已建城市的管网改造建设，下穿道路、河流或建筑物等各种障碍物。

3. 综合管廊的建设能缓解直埋管线存在的问题，不包括（　　）。

A. 检修及敷设管线不断破挖路面

B. 各种管线分属不同部门管理，信息不畅，重复建设

C. 管道施工综合造价高

D. 直埋管线与土壤接触，易造成管线腐蚀、损坏

【解析】综合管廊缓解了直埋管线存在的各种问题。如：①检修及敷设管线需不断破挖路面。②各种管线分属不同部门管理，信息不畅，重复建设。③直埋管线与土壤接触，易造成管线腐蚀、损坏。④电力线缆占地大，影响城市规划及市容，且高压线易造成电磁辐射污染。

4. 采用预拌流态固化土新技术，不能解决综合管廊回填施工的问题是（　　）。

A. 特殊狭窄空间　　　　　　　　　　B. 沉降和变形

C. 回填夯实困难　　　　　　　　　　D. 回填深度大

【解析】对综合管廊特殊狭窄空间、回填深度大、回填夯实困难等回填质量难以保证的

施工，采用预拌流态固化土新技术。预拌流态固化土是一种常用于填充管廊和填充坑洞的材料，具有较好的流动性和自密实性。

【相关知识点】基坑回填应在综合管廊结构及防水工程验收合格后进行。综合管廊两侧回填应对称、分层、均匀。基坑分段回填接槎处，已填土坡应挖台阶，其宽度不应小于1.0m、高度不应大于0.5m。

5. 采用盾构法施工的综合管廊安全控制区外边线距主体结构外边线不宜小于（　　）。

A. 15m

B. 50m

C. 30m

D. 20m

【解析】综合管廊应设置安全控制区，安全控制区外边线距主体结构外边线不宜小于15m，采用盾构法施工的综合管廊安全控制区外边线距主体结构外边线不宜小于50m。

二、多项选择题

1. 关于综合管廊防水技术要求说法，不正确的有（　　）。

A. 现浇混凝土主体结构采用防水混凝土进行自防水

B. 迎水面阴阳角处做成圆弧或45°折角

C. 管廊纵向区段错台处，卷材与结构表面不能有任何填充物

D. 止水带埋设时中间空心圆环与沉降缝中心线重合

E. 止水带的接槎不得甩在结构转角处，应设置在较低部位

【解析】管廊纵向区段有错台处，卷材铺设前应用砂浆将错台抹成倒角。止水带的接槎不得甩在结构转角处，应设置在较高部位。

2. 综合管廊连续浇筑混凝土时，在（　　）周边应加强振捣。

A. 预留孔

B. 预埋件

C. 止水带

D. 沉降缝

E. 预埋管

【解析】连续浇筑时，每层浇筑高度应满足振捣密实的要求。预留孔、预埋管、预埋件及止水带等周边混凝土浇筑时，应加强振捣。

3. 关于综合管廊施工技术的说法，正确的有（　　）。

A. 预制拼装的构件有大于0.2mm裂缝时应进行鉴定

B. 现浇混凝土顶板和底板厚度超过300mm时，留置水平施工缝

C. 管廊顶板上部1000mm内回填材料采用振动机械压实

D. 管廊浅埋暗挖法施工应无水作业

E. 综合管廊内实行动火作业时应采取防火措施

【解析】现浇混凝土底板和顶板，应连续浇筑不得留置施工缝，故B选项错误。管廊顶板上部1000mm范围内回填材料不得使用重型及振动压实机械碾压，故C选项错误。

4. 综合管廊投入运营后应定期检测评定，对（　　）的运行状况应进行安全评估。

A. 附属设施

B. 内部管线设施

C. 初始验收

D. 日常巡检和维护

E. 综合管廊本体

【解析】综合管廊投入运营后应定期检测评定，对综合管廊本体、附属设施、内部管线设施的运行状况应进行安全评估，并应及时处理安全隐患。

5. 对地面和周边环境影响小，不受自然环境和气候条件影响的综合管廊施工方法有（　　）。

A. 顶管法

B. 明挖现浇法

C. 盾构法

D. 浅埋暗挖法

E. 明挖预制拼装法

【解析】城市综合管廊主要施工方法分为：明挖法、盾构法以及浅埋暗挖法、顶管法等。明挖法施工中，综合管廊结构又分为明挖现浇法和明挖预制拼装法。

不管是明挖现浇法还是明挖预制拼装法，均需要大面积开挖基坑，自然受到场地的制约，同时也会受到冬雨期自然气候条件的影响。而盾构、顶管和浅埋暗挖均为在地下施工，自然气候条件不会对其造成影响。

参考答案

一、单项选择题

1. A	2. D	3. C	4. B	5. B

二、多项选择题

1. CE	2. ABCE	3. ADE	4. ABE	5. ACD

6 海绵城市建设工程

一、单项选择题

1. 城市雨水管渠系统较难改造时，可采用（　　）。

A. 调节塘

B. 调节池

C. 蓄水池

D. 雨水湿地

【解析】建筑与小区、城市绿地等具有一定空间条件的区域，宜设置调节塘；城市雨水管渠系统较难改造时，可采用调节池；蓄水池宜采用露天的景观水池或水体，在用地紧张时可采用地下式蓄水池；建筑与小区、城市道路、城市绿地、滨水带等区域内的地势较低的地带或水体有自然净化需求的区域，宜设置雨水湿地。

2. 道路、广场、其他硬化铺装区及周边绿地应优先考虑采用（　　）。

A. 低洼地带

B. 埋地渗透设施

C. 下沉式绿地

D. 雨水截污设施

【解析】道路、广场、其他硬化铺装区及周边绿地应优先考虑采用下沉式绿地。

3. 下列关于渗透技术要求的说法，正确的是（　　）。

A. 透水砖路面一般应用于城市主干道

B. 透水路面中透水基层渗透系数应大于面层

C. 透水铺装位于地下室顶板上时，顶板覆土厚度不应小于500mm

D. 土壤渗透性较差地区可适当扩大雨水溢流口高程与绿地高程的差值

【解析】透水砖路面一般应用于城市人行道、建筑小区及城市广场人行通道，故A选项错误。透水路面自上而下宜设置透水面层、透水找平层和透水基层，透水找平层及透水基层渗透系数应大于面层，故B选项正确。透水铺装位于地下室顶板上时，顶板覆土厚度不应小于600mm，故C选项错误。对于土壤渗透性较差的地区，可适当缩小雨水溢流口高程与绿地高程的差值，使得下沉式绿地集蓄的雨水能够在24h内完全下渗，故D选项错误。

4. 关于生物滞留设施施工技术的说法，正确的是（　　）。

A. 地面溢流设施顶部一般应低于汇水面50mm

B. 生物滞留设施面积与汇水面面积之比一般为5%～10%

C. 换土层底部应铺设透水土工布隔离层，但不得设置砂层

D. 排水层用砾石应洗净且粒径不大于穿孔管的开孔孔径

【解析】生物滞留设施内应按设计要求设置溢流设施，一般采用溢流竖管、盖箅溢流井或雨水口等，地面溢流设施顶部一般应低于汇水面100mm，故A选项错误。生物滞留设施的布置及规模应满足设计要求，生物滞留设施面积与汇水面面积之比一般为5%～10%，故

B 选项正确。换土层底部应铺设透水土工布隔离层，或厚度不小于 100mm 的砂层，故 C 选项错误。复杂型生物滞留设施施工时砾石排水层铺设厚度应符合设计要求，砾石应洗净且粒径不小于穿孔管的开孔孔径，故 D 选项错误。

5. 主要作为雨水存储设施的配套雨水净化设施，属于小型污水处理系统的是（   ）。

A. 人工土壤渗滤　　　　　　　　　　B. 植被缓冲带

C. 渗透管渠　　　　　　　　　　　　D. 生物滞留带

【解析】人工土壤渗滤是一种人工强化的生态工程处理技术。它充分利用在地表下面的土壤中栖息的土壤动物、土壤微生物、植物根系，以及土壤所具有的物理、化学特性将雨水净化，主要作为雨水存储设施的配套雨水净化设施，属于小型的污水处理系统。

二、多项选择题

1. 目前海绵城市建设技术设施类型主要有（   ）。

A. 渗透设施　　　　　　　　　　　　B. 存储与调节设施

C. 转输设施　　　　　　　　　　　　D. 截污净化设施

E. 排水管道

【解析】目前海绵城市建设技术设施类型主要有渗透设施、存储与调节设施、转输设施、截污净化设施。

2. 雨水渗透设施分表面渗透和埋地渗透两大类，表面入渗设施主要有（   ）。

A. 下沉式绿地　　　　　　　　　　　B. 生物滞留设施

C. 渗井　　　　　　　　　　　　　　D. 绿色屋顶

E. 渗透塘

【解析】雨水渗透设施分表面渗透和埋地渗透两大类。表面入渗设施主要有透水铺装、下沉式绿地、生物滞留设施、渗透塘与绿色屋顶等。埋地渗透设施主要有渗井等。

【相关知识点】雨水储存与调节设施主要有湿塘、雨水湿地、渗透塘、调节塘、蓄水池、蓄水模块等。初期雨水弃流形式一般有自控弃流、渗透弃流、弃流池、小管弃流、雨落管弃流等。

3. 海绵城市渗透技术中，渗透塘的功能有（   ）。

A. 滞留功能　　　　　　　　　　　　B. 消减峰值流量

C. 补充地下水　　　　　　　　　　　D. 净化雨水

E. 雨水转输

【解析】渗透塘是一种用于雨水下渗补充地下水的洼地，具有一定的净化雨水和消减峰值流量效果。

4. 关于海绵城市建设施工技术说法，错误的有（   ）。

A. 蓄水池施工完毕后必须进行满水试验　　B. 调节塘以消减峰值流量功能为主

C. 植草沟宜作为泄洪通道　　　　　　　　D. 渗透管渠四周应填充石灰土

E. 植被缓冲带前应设置碎石消能

【解析】植草沟不宜作为泄洪通道。渗透管渠四周应填充砾石或其他多孔材料，砾石层外包透水土工布，土工布搭接宽度不应少于 200mm。

5. 海绵城市建设技术设施中，常用的转输设施有（　　）。

A. 植被缓冲带　　　　　　　　　　B. 雨水湿地

C. 渗透管渠　　　　　　　　　　　D. 调节塘

E. 植草沟

【解析】市政公用工程中常用的转输设施有植草沟、渗透管渠。植被缓冲带属于截污净化设施。雨水湿地和调节塘属于存储与调节设施。

参考答案

一、单项选择题

1. B	2. C	3. B	4. B	5. A

二、多项选择题

1. ABCD	2. ABDE	3. BCD	4. CD	5. CE

7 城市基础设施更新工程

一、单项选择题

1. 水泥混凝土路面进行非开挖式基底处理前，应采用（ ）测出路面板下松散、脱空和既有管线附近沉降区域。

A. 探地雷达　　　　　　　　　　　B. 动力触探

C. 钻芯法　　　　　　　　　　　　D. 钎探

【解析】 非开挖式基底处理前，应采用探地雷达进行详细探查，测出路面板下松散、脱空和既有管线附近沉降区域。

探地雷达是利用天线发射和接收高频电磁波来探测介质内部物质特性和分布规律的一种地球物理方法。探地雷达无需对地表或地下进行破坏性探测，避免了对环境和结构的损害。其他三种检测方法检测路面问题时，可能会有所遗漏，从这一点上来看，A 选项无疑是正确的选项。

2. 采用土工合成材料和沥青混凝土面层对旧沥青路面裂缝进行防治，首先要对旧路进行（ ）。

A. 外观评定和弯沉值测定　　　　　B. 旧路面清洁与整平

C. 确定旧路处理和新料加铺方案　　D. 工合成材料张拉

【解析】 用土工合成材料和沥青混凝土面层对旧沥青路面裂缝进行防治，首先要对旧路进行外观评定和弯沉值测定，进而确定旧路处理和新料加铺方案。施工要点是：旧路面清洁与整平，土工合成材料张拉、搭接和固定，洒布粘层油，按设计或规范要求铺筑新沥青面层。

3. 水泥混凝土路面板面脱空、唧浆的处理，下列做法错误的是（ ）。

A. 采用弯沉仪检测水泥混凝土路面板的脱空

B. 板边实测弯沉值在 0.2mm 时，钻孔注浆处理

C. 板边实测弯沉值大于 1.00mm 时，拆除原破损面板重新铺筑

D. 注浆后两相邻板间弯沉差宜控制在 0.1mm 以内

【解析】 采用弯沉仪或探地雷达等设备检测水泥混凝土路面板的脱空，故 A 选项正确。当板边实测弯沉值在 0.20~1.00mm 时，应钻孔注浆处理，故 B 选项正确。当板边实测弯沉值大于 1.00mm 或整块水泥混凝土面板破碎时，应拆除原有破损混凝土面板，重新铺筑，故 C 选项正确。注浆后两相邻板间弯沉差宜控制在 0.06mm 以内，故 D 选项错误。

4. 混凝土构件增大截面工程的施工步骤，正确的是（ ）。

A. 清理构件→植筋→界面处理→新增钢筋制安→安装模板及浇筑混凝土→养护及拆模

B. 界面处理→清理构件→植筋→新增钢筋制安→安装模板及浇筑混凝土→养护及拆模

C. 清理构件→界面处理→新增钢筋制安→植筋→安装模板及浇筑混凝土→养护及拆模

D. 清理构件→界面处理→植筋→新增钢筋制安→安装模板及浇筑混凝土→养护及拆模

【解析】混凝土构件增大截面工程的施工应按下列步骤进行：①清理、修整原结构、构件。②界面处理。③植筋或锚栓施工。④新增钢筋制作与安装。⑤安装模板，浇筑混凝土。⑥养护及拆模。

5. 新、旧桥梁上部结构拼接宜采用刚性连接方式的是（　　）。

A. 预应力混凝土 T 形梁

B. 预应力混凝土空心板

C. 钢筋混凝土实心板

D. 连续箱梁

【解析】钢筋混凝土实心板和预应力混凝土空心板桥，新、旧板梁之间的拼接宜采用铰接或近似于铰接连接。预应力混凝土 T 形梁或组合 T 形梁桥，新、旧 T 形梁之间的拼接宜采用刚性连接。连续箱梁桥，新、旧箱梁之间的拼接宜采用铰接连接。

6. 下列管道修复方法中，适用于重力流和压力流圆形管道修复的是（　　）。

A. 原位固化法　　　　　　　　　　B. 不锈钢内衬法

C. 机械制螺旋缠绕法　　　　　　　D. 缩径内衬法

【解析】缩径内衬法不需灌浆、施工速度快、过流断面损失小，一次修复距离长，适用于重力流和压力流圆形管道修复。

原位固化法主要用于工业管道和压力管道。不锈钢内衬法主要用于给水管道的非开挖修复。机械制螺旋缠绕法适应大曲率半径的弯管和管径的变化。

7. 管径 500mm 的长距离管道非开挖修复更新，采用（　　）对管道内部进行表观检测。

A. 管内目测　　　　　　　　　　　B. 电视检测

C. 超声检测　　　　　　　　　　　D. 潜望镜检测

【解析】非开挖修复更新工程完成后，应采用电视检测（CCTV）检测设备对管道内部进行表观检测。当管径大于等于 800mm 时，可采用管内目测。超声检测只能用于水下积泥、异物检测，对结构性缺陷检测有限，不宜作为修复方法的依据。管道潜望镜检测是在管道口进行快速检测，适用于较短的管线。

8. 沥青路面在常温下铣刨处理，现场掺加新集料、再生剂等，经常温拌合、摊铺、碾压，实现旧沥青路面再生利用的再生技术是（　　）。

A. 现场冷再生　　　　　　　　　　B. 现场热再生

C. 厂拌冷再生　　　　　　　　　　D. 厂拌热再生

【解析】现场冷再生：采用专用设备，对沥青路面进行常温铣刨，现场掺加一定量的新集料、再生用结合料、活性填料、水，经常温拌合、摊铺、碾压等工序，一次性实现旧沥青路面再生利用的技术。

9. 微表处理施工程序和技术说法，错误的是（　　）。

A. 清除原路面的泥土、杂物、积水

B. 对原路面进行湿润或喷洒乳化沥青

C. 常温施工采用全幅施工，禁止一切车辆通行

D. 不需碾压成型，摊铺找平后必须立即进行初期养护

【解析】常温施工可采用半幅施工，施工期间不中断行车，故 C 选项错误。

10. 可用于排水管道更新的方法是（　　）。

A. 穿插法 　　　　　　　　　　　　B. 折叠内衬法

C. 爆管法 　　　　　　　　　　　　D. 喷涂法

【解析】管道更新常见的有破管外挤和破管顶进两种方法。破管外挤也称爆管法或胀管法。穿插法、折叠内衬法和喷涂法属于管道全断面修复法，不属于管道更新的方法。

二、多项选择题

1. 用于路面裂缝防治的土工合成材料应满足的技术要求有（　　）。

A. 最大负荷延伸率 　　　　　　　　B. 抗压强度

C. 抗拉强度 　　　　　　　　　　　D. 网孔尺寸

E. 单位面积质量

【解析】用于裂缝防治的玻纤网和土工织物应分别满足抗拉强度、最大负荷延伸率、网孔尺寸、单位面积质量等技术要求。

2. 采用注浆法进行旧水泥路面基底处理，通过试验确定的参数有（　　）。

A. 注浆压力

B. 浆液扩散半径

C. 注浆设备

D. 终凝时间

E. 注浆流量

【解析】非开挖式基底处理：对于脱空部位的空洞，采用注浆的方法进行基底处理，通过试验确定注浆压力、初凝时间、注浆流量、浆液扩散半径等参数。

3. 桥梁增大截面加固法施工前，对原结构构件进行检查和复核时，需要考虑（　　）。

A. 截面尺寸 　　　　　　　　　　　B. 轴线位置

C. 裂缝状况 　　　　　　　　　　　D. 外观特征

E. 施工方法

【解析】桥梁增大截面加固法施工：加固前应对原结构构件的截面尺寸、轴线位置、裂缝状况、外观特征等进行检查和复核。当与原设计或现有加固设计要求不符时，应及时通知设计单位处理。

这些要素的检查和复核可以确保加固工程的质量和符合设计要求。施工方法虽然也重要，但并不属于对原结构构件的检查和复核范围。故 E 选项不符合题意。

4. 关于人行道改造施工技术，说法错误的有（　　）。

A. 基层维修不应采用薄层贴补

B. 面层砌块缝隙应填灌饱满

C. 检查井周围砌块必须整块补齐

D. 人行道下沉和拱胀凸起时应对基层进行维修

E. 砌块的修补部位应大于损坏部位五块整砖

【解析】检查井周围或与构筑物接壤的砌块宜切块补齐，不宜切块补齐的部分应及时填补平整。砌块的修补部位宜大于损坏部位一整砖。

5. 常见的桥梁维护加固技术施工方法有（　　　）。

A. 预应力加固法

B. 粘贴纤维带加固法

C. 改变结构体系加固法

D. 地基加固法

E. 增大截面加固法

【解析】在《城市桥梁结构加固技术规程》CJJ/T 239—2016 中给出了增大截面加固法、粘贴钢板加固法、粘贴纤维带加固法、预应力加固法、改变结构体系加固法、增加横向整体性加固法等桥梁结构加固技术。

地基加固法主要用于加固桥梁的地基土层，以提高地基的稳定性和承载能力，不属于桥梁维护加固技术。

6. 城市排水管道现场检测方法有（　　　）。

A. 电视检测

B. 管道潜望镜检测

C. 磁粉检测

D. 声呐与超声检测

E. 传统检查方法

【解析】管道现场检测可采用电视检测（CCTV）、声呐与超声检测、管道潜望镜检测和传统检查方法，必要时可组合采用多种方法。

磁粉检测是一种常用于检测金属表面裂纹和缺陷的方法，但对于埋在地下的城市排水管道而言，这种方法明显不适用，因为管道表面通常不易直接访问。

7. 城市管道全断面修复技术，按管道结构形式有（　　　）。

A. 原位固化法

B. 机械制螺旋缠绕法

C. 改进穿插法

D. 铰接管法

E. 灌浆法

【解析】管道全断面修复：按照修复缺陷类型，修复方法可分为结构性和功能性修复。按管道结构形式可分为穿插法、改进穿插法、原位固化法、不锈钢内衬法、管片内衬法、机械制螺旋缠绕法和喷涂法。D、E选项是管道局部修复的方法。

【相关知识点】管道局部修复是对原有管道内的局部漏水、破损、腐蚀和坍塌等进行修复的方法，主要有密封法、补丁法、铰接管法、局部软衬法、灌浆法、机器人法等，用于管道内部的结构性破坏以及裂纹等的修复。

8. 管道内存在裂缝、接口错位时，可采用（　　　）等管内修补方法进行处理。

A. 机械打磨

B. 填充材料

C. 点位加固

D. 人工修补

E. 胶带修补

【解析】原有管道预处理可采用机械清洗、喷砂清洗、高压水射流清洗和管内修补等技术。管道内存在裂缝、接口错位和漏水、孔洞、变形、管壁材料脱落、锈蚀等局部缺陷时，可采用灌浆、机械打磨、点位加固、人工修补等管内修补方法进行处理。

9. 关于管网改造施工技术要点，说法正确的有（   ）。

A. 折叠内衬法折叠管复原采用注水或鼓入压缩空气加压方法

B. 管片内衬法管片拼装宜采用人工方法

C. 不锈钢内衬法原有管道端部内壁与不锈钢内衬管道进行注浆密封

D. 喷涂法水泥砂浆喷涂应采用手工涂抹

E. 机械制螺旋缠绕法内衬管的缠绕成型及推入过程应同步进行

【解析】 不锈钢内衬法：原有管道端部内壁与不锈钢内衬管道进行满焊密封。不锈钢内衬管道与原有管道的环状间隙宜注浆处理，故 C 选项错误。喷涂法：水泥砂浆喷涂宜采用机械喷涂，管径大于 1000mm 可手工涂抹，故 D 选项错误。

参考答案

一、单项选择题

1. A	2. A	3. D	4. D	5. A
6. D	7. B	8. A	9. C	10. C

二、多项选择题

1. ACDE	2. ABE	3. ABCD	4. CE	5. ABCE
6. ABDE	7. ABC	8. ACD	9. ABE	

8 施工测量与监测

一、单项选择题

1. 施工测量是一项琐碎而细致的工作，作业人员应遵循（　　）的原则开展测量工作。

A. 由局部到整体，先细部后控制　　　　　B. 由局部到整体，先控制后细部

C. 由整体到局部，先细部后控制　　　　　D. 由整体到局部，先控制后细部

【解析】作业人员应遵循"由整体到局部，先控制后细部"的原则。

2. 测量工作中，现测记录的原始数据有误，一般采取（　　）方法修正。

A. 擦改　　　　　　　　　　　　　　　　B. 划线改正

C. 转抄　　　　　　　　　　　　　　　　D. 涂改

【解析】测量记录应做到表头完整、字迹清楚、规整，严禁擦改、涂改，必要时可用斜线划去错误数据，旁注正确数据，但不得转抄。

本题也可以按常识作答。修正即改正，修改使正确。既有原来的，也有新增的，对于原始记录的错误，划线改正之后，能更清晰明了地反映数据更改和变化，无疑是最适合的方法。相比之下，擦改和涂改会导致原始数据的丢失，并且可能影响字迹的清晰度和可读性。本题的 C 选项是转抄，转抄之后，数据容易出错，也不是原始记录的真实体现。所以本题正确答案应为 D 选项。

3. 用于市政工程地下隧道精确定位的仪器是（　　）。

A. 电子经纬仪　　　　　　　　　　　　　B. 光学水准仪

C. 激光指向仪　　　　　　　　　　　　　D. 陀螺全站仪

【解析】陀螺全站仪是一种将陀螺仪和全站仪集成于一体的且具有全天候、全天时、快速高效独立的测定真北方位的精密测量仪器，在市政公用工程施工中经常用地下隧道的中线方位校核，可有效提升隧道贯通测量的精度。

电子经纬仪，一般用来测量水平角和竖直角。

光学水准仪，现场施工多用来测量构筑物标高和高程。

激光准直（指向）仪，现场施工测量用于角度测量和定向准直测量。

4. 采用水准仪测量井顶高程时，后视尺置于已知高程 3.440m 的读数为 1.360m，为保证设计井顶高程 3.560m，则前视尺的读数应为（　　）。

A. 1.000m　　　　　　　　　　　　　　　B. 1.140m

C. 1.240m　　　　　　　　　　　　　　　D. 2.200m

【解析】本题考核测量知识。只要记得这个公式 $b = H_A + a - H_B$，就很容易计算出答案。$b = 3.440 + 1.360 - 3.560 = 1.240m$。

5. 下列关于管道施工测量的说法，错误的是（　　）。

A. 扇形井室应以井底圆心为基准进行放线

B. 控制点高程测量应采用附合水准测量

C. 排水管道工程高程应以管道中心线高程作为施工控制基准

D. 井室等附属构筑物应以内底高程作为控制基准

【解析】圆形、扇形井室应以井底圆心为基准进行放线。排水管道工程高程应以管内底高程作为施工控制基准，给水等压力管道工程应以管道中心线高程作为施工控制基准。井室等附属构筑物应以内底高程作为控制基准，控制点高程测量应采用附合水准测量。由此可知，所有选项中只有 C 选项叙述不正确。

6. 市政公用工程施工中，每一个单位（体）工程完成后，应及时进行（　　）测量。

A. 竣工　　　　　　B. 复核　　　　　　C. 校核　　　　　　D. 放灰线

【解析】在市政公用工程施工过程中，在每一个单位（体）工程完成后，应该进行竣工测量，并提出其竣工测量成果。

本题核心词是"单位（体）工程完成后"，这意味着已经到达了竣工的阶段，因此需要进行竣工测量工作。另外，复核测量通常用于检验和测定上一道工序是否符合要求，而测量校核常用于纠正和核对施工过程中出现的问题。放灰线（或称为测量放线）是工程的最初阶段工作，例如在准备基坑或沟槽开挖时，需要放置开挖上口线。这些工作在施工过程中扮演着不同的角色和功能。

7. 下列不需要实施基坑工程监控量测的是（　　）。

A. 开挖深度为 6m 破碎的软岩基坑

B. 开挖深度大于 5m 的土质基坑

C. 开挖深度为 5m 的极软岩基坑

D. 开挖深度为 3.5m 且周边环境不复杂的基坑

【解析】当开挖基坑为以下情况时，需实施基坑监测：①基坑设计安全等级为一、二级的基坑。②开挖深度大于或等于 5m 的下列基坑：土质基坑、极软岩基坑、破碎的软岩基坑、极破碎的岩体基坑；上部为土体，下部为极软岩、破碎的软岩、极破碎的岩体构成的土岩组合基坑。③开挖深度小于 5m 但现场地质情况和周围环境较复杂的基坑。

8. 下列不属于监测成果的内容是（　　）。

A. 现场监测资料　　　　　　　　　B. 计算分析资料

C. 现场巡查记录　　　　　　　　　D. 文字报告

【解析】监测报告应完整、清晰、签字齐全。监测成果应包括现场监测资料、计算分析资料、图表、曲线、文字报告等，表达应直观、明确。

二、多项选择题

1. 测量工作属于工程关键岗位之一，从事施工测量的作业主要人员应（　　）。

A. 经专业培训　　　　　　　　　　B. 考核合格

C. 持证上岗　　　　　　　　　　　D. 体检合格

E. 取得过行业获奖证书

【解析】从事施工测量的作业人员，应经专业培训、考核合格，持证上岗。

对于施工现场人员的要求一般离不开培训、考试、持证这些基本要求，所以本题 A、B、C 选项没有任何问题。D 选项体检合格是对架子工等高处作业人员的指定要求，施工人员都应该进行体检，但是并不是说没有经过体检就不能进行测量工作，所以 D 选项不能作为本题的答案。而 E 选项取得过行业获奖证书的人更是寥寥无几，不会成为一个市政测量人员的硬性条件。

2. 激光准直仪适用于（　　）的测量。

A. 大直径曲折隧道　　　　　　　　B. 长距离直线隧道

C. 灯柱　　　　　　　　　　　　　D. 水塔

E. 桥梁墩柱

【解析】激光准直（指向）仪主要由发射、接收与附件三大部分组成，现场施工测量用于角度测量和定向准直测量，适用于长距离、大直径隧道或桥梁墩柱、水塔、灯柱等高耸构筑物控制测量的点位坐标传递及同心度找正测量。

3. 下列一级基坑监测项目中，属于应测项目的有（　　）。

A. 边坡顶部水平位移　　　　　　　B. 立柱结构竖向位移

C. 孔隙水压力　　　　　　　　　　D. 顶板应力

E. 坑底隆起

【解析】

监测项目	工程检测等级		
	一级	二级	三级
支护桩（墙）、边坡顶部水平位移	应测	应测	应测
支护桩（墙）、边坡顶部竖向位移	应测	应测	应测
支护桩（墙）体水平位移	应测	应测	选测
支护桩（墙）结构应力	选测	选测	选测
立柱结构竖向位移	应测	应测	选测
立柱结构水平位移	应测	选测	选测
立柱结构应力	选测	选测	选测
支撑轴力	应测	应测	应测
顶板应力	选测	选测	选测
锚杆拉力	应测	应测	应测
土钉拉力	选测	选测	选测
竖井井壁支护结构净空收敛	应测	应测	应测
土体深层水平位移	选测	选测	选测
土体分层竖向位移	选测	选测	选测
坑底隆起（回弹）	选测	选测	选测

续表

监测项目	工程检测等级		
	一级	二级	三级
支护桩（墙）侧向土压力	选测	选测	选测
地下水位	应测	应测	应测
孔隙水压力	选测	选测	选测

4. 下列属于监测总结报告的内容有（　　）。

A. 监测数据采集和观测方法

B. 监测目的和监测依据

C. 监测数据、巡查信息的分析与说明

D. 发生原因、地点及处理措施

E. 施工进度及工程概况

【解析】 监测总结报告主要内容：①工程概况。②监测目的、监测项目和监测依据。③监测点布设。④采用的仪器型号、规格和元器件标定等资料。⑤监测数据采集和观测方法。⑥现场巡查信息：巡查照片、记录等。⑦监测数据图表：监测值、累计变化值、变化速率值、时程曲线、必要的断面曲线图、等值线图、监测点平面位置图等。⑧监测数据、巡查信息的分析与说明。⑨结论与建议。D 选项属于警情快报的内容。E 选项属于阶段性报告的内容。

5. 施工监测可分为施工变形监测和力学监测两个方面，下列属于变形监测的有（　　）。

A. 竖向位移监测

B. 深层水平位移监测

C. 净空收敛监测

D. 钢支撑轴力监测

E. 混凝土支撑应力监测

【解析】 施工监测按照监测内容可分为施工变形监测和力学监测两个方面。其中变形监测包括：竖向位移监测、水平位移监测、倾斜监测、深层水平位移监测、基坑底回弹监测、地下水位监测、净空收敛监测、裂缝监测等。力学监测包括：土压力监测、水压力监测、钢支撑轴力监测、锚索（锚杆）应力监测、钢管柱应力监测、混凝土支撑应力监测等。

6. 桥梁裂缝宽度监测应根据的参数有（　　）。

A. 走向　　　　　　　　　　B. 预拱度

C. 长度　　　　　　　　　　D. 分布位置

E. 错台

【解析】 桥梁裂缝宽度监测应根据裂缝的分布位置、走向、长度、错台等参数，分析裂缝的性质、产生的原因及发展趋势，选取应力或应力变化较大部位的裂缝或宽度较大的裂缝进行监测。

参考答案

一、单项选择题

1. D	2. B	3. D	4. C	5. C
6. A	7. D	8. C		

二、多项选择题

1. ABC	2. BCDE	3. AB	4. ABC	5. ABC
6. ACDE				

9 法规、标准和管理

一、单项选择题

1. 在燃气设施保护范围内，施工单位打桩可能影响燃气设施安全活动的，应当与（   ）共同制定燃气设施保护方案。

A. 燃气经营者   B. 监理单位

C. 建设单位   D. 管道主管部门

【解析】在燃气设施保护范围内，有关单位从事敷设管道、打桩、顶进、挖掘、钻探等可能影响燃气设施安全活动的，应当与燃气经营者共同制定燃气设施保护方案，并采取相应的安全保护措施。

2. 关于施工现场用火要求的说法，错误的是（   ）。

A. 动火作业应办理动火许可证

B. 动火操作人员应具有相应资格

C. 可燃材料上严禁动火作业

D. 具有火灾、爆炸危险的场所严禁明火

【解析】裸露的可燃材料上严禁直接进行动火作业。施工作业安排时，宜将动火作业安排在使用可燃建筑材料的施工作业前进行。确需在使用可燃建筑材料的施工作业之后进行动火作业，应采取可靠的防火措施。

3. 某施工企业二级资质，对主要人员安排正确的是（   ）。

A. 市政公用工程专业注册建造师不少于 3 人

B. 技术负责人具有 5 年以上从事工程施工技术管理工作经历

C. 市政工程相关专业中级以上职称人员不少于 8 人

D. 经考核或培训合格的中级工以上技术工人不少于 20 人

【解析】市政公用工程专业注册建造师不少于 5 人，故 A 选项错误。技术负责人具有 8 年以上从事工程施工技术管理工作经历，且具有市政工程相关专业高级职称或市政公用工程一级注册建造师执业资格；市政工程相关专业中级以上职称人员不少于 8 人，且专业齐全。故 B 选项错误，C 选项正确。经考核或培训合格的中级工以上技术工人不少于 30 人，故 D 选项错误。

4. 不属于施工组织设计内容的是（   ）。

A. 施工成本计划   B. 施工总部署

C. 质量保证措施   D. 施工技术方案

【解析】施工组织设计应包括：工程概况、施工总体部署、施工现场平面布置、施工准备、施工技术方案、主要施工保证措施等基本内容。

5. 组织单位工程竣工验收的是（　　）。

A. 施工单位　　　　　　　　　　　B. 监理单位

C. 建设单位　　　　　　　　　　　D. 质量监督机构

【解析】本题考核单位工程竣工验收的组织者。工程竣工验收由建设单位负责组织实施。

【相关知识点】施工单位应自检合格，并应编制工程竣工报告，按规定程序审批后向建设单位提交。监理单位应在自检合格后组织工程竣工预验收，预验收合格后应编制工程质量评估报告，按规定程序审批后向建设单位提交。建设单位应在竣工预验收合格后组织监理、施工、设计、勘察单位等相关单位项目负责人进行工程竣工验收。

建设单位必须在竣工验收7个工作日前将验收的时间、地点及验收组名单书面通知负责监督该工程的监督管理部门。列入城建档案管理机构接收范围的工程，城建档案管理机构应按照建设工程竣工联合验收的规定对工程档案进行验收。

6. 施工方案更改后需要重新报审，下列不属于监理公司审查核验的是（　　）。

A. 工程变更必要性和可行性　　　　B. 工程变更造价合理性

C. 工程变更对工期的影响　　　　　D. 工程变更图纸

【解析】监理公司审查核验工程变更必要性和可行性，审查核验工程变更造价合理性，审查核验工程变更对工期的影响，并签署审查核验意见；设计单位审查核验工程变更图纸是否满足设计规范和原设计要求，并签署审查核验意见。D选项属于设计单位审核的内容。

7. 关于材料设备采购合同管理的验收和保修，说法正确的是（　　）。

A. 成套设备安装后一般不进行试车调试

B. 检验合格双方签字后，正式移交采购方进行生产运行

C. 属于设备质量原因，供货方负责修理，采购方承担费用

D. 属于工程施工质量问题，由供货方负责拆除

【解析】成套设备安装后一般应进行试车调试，双方应该共同参加启动试车的检验工作，故A选项错误。检验合格后，双方在验收文件上签字，正式移交采购方进行生产运行，故B选项正确。若检验不合格，属于设备质量原因，由供货方负责修理、更换并承担全部费用。如果由于工程施工质量问题，由安装单位负责拆除后纠正缺陷。故C、D选项错误。

8. 某雨水管道工程施工双代号网络进度计划如下图，该网络计划的关键线路是（　　）。

A. ①→②→③→⑦→⑨→⑩　　　　　　B. ①→②→③→⑤→⑥→⑦→⑨→⑩

C. ①→②→④→⑧→⑨→⑩　　　　　　D. ①→②→④→⑤→⑥→⑧→⑨→⑩

【解析】在各条线路中，有一条或几条线路的总时间最长，称为关键线路。

9. 《房屋建筑工程和市政基础设施工程竣工验收备案管理暂行办法》规定，工程竣工验收的工程质量评估报告应由（　　）提出。

A. 施工单位　　　　　　　　　　　　B. 监理单位

C. 质量监督站　　　　　　　　　　　D. 建设单位

【解析】对于委托监理的工程项目，监理单位对工程进行了质量评估，具有完整的监理资料，并提出工程质量评估报告。工程质量评估报告应经总监理工程师和监理单位有关负责人审核签字。

这个知识点是考生必须掌握的常识内容。施工单位提供的是工程竣工报告。建设单位提供的是工程竣工验收报告。工程质量监督机构提供的是工程质量监督报告。

10. 检验批的质量验收内容不包括（　　）。

A. 一般项目　　　　　B. 施工日志　　　　　C. 主控项目　　　　　D. 试块、试件检验

【解析】检验批质量应按主控项目和一般项目验收，并应符合下列规定：① 主控项目和一般项目的确定应符合国家现行强制性工程建设规范和现行相关标准的规定。②主控项目的质量经抽样检验应全部合格。③一般项目的质量应符合国家现行相关标准的规定。④主要工程材料的进场验收和复验合格，试块、试件检验合格。⑤主要工程材料的质量保证资料以及相关试验检测资料齐全、正确，具有完整的施工操作依据和质量检查记录。

11. 下列绿色施工管理措施中，不属于节能与能源利用的是（　　）。

A. 临时用电设备应采用自动控制装置

B. 建立机械设备管理档案，定期检查保养

C. 合理布置施工总平面图，避免现场二次搬运

D. 临建设施应充分利用既有建筑物、市政设施和周边道路

【解析】本题A、B、C选项都属于节能与能源利用的内容。其中，A选项是临时用电设施规定的内容；B选项是机械设备规定的内容；C选项是材料运输与施工规定的内容；D选项是节材与材料资源利用的内容，不属于节能与能源利用。

12. 施工现场扬尘控制不符合规定的是（　　）。

A. 易飞扬和细颗粒建筑材料封闭存放，余料及时回收

B. 裸露地面、集中堆放的土方应采取抑尘措施

C. 运送土方、渣土的车辆未覆盖应少装慢行

D. 现场进出口设冲洗池保持车辆清洁

【解析】运送土方、渣土等易产生扬尘的车辆应采取封闭或遮盖措施。

二、多项选择题

1. 下列城市道路管理的规定说法，正确的有（　　）。

A. 临时占用道路须经市政工程行政主管部门和公安交通管理部门批准

B. 需要挖掘城市道路的，应提交城市规划部门批准签发的文件

C. 需要紧急抢修管线可以先破路抢修，在48h内按规定补办批准手续

D. 挖掘城市道路应当在施工现场设置明显标志和安全防护围挡设施

E. 经批准占用城市道路需要延长时间的，完工后应向主管部门补报

【解析】埋设在城市道路下的管线发生故障需要紧急抢修的，可以先行破路抢修，并同时通知市政工程行政主管部门和公安交通管理部门，在24h内按照规定补办批准手续，故C选项错误。经批准占用或者挖掘城市道路的，应当按照批准的位置、面积、期限占用或者挖掘。需要移动位置、扩大面积、延长时间的，应当提前办理变更审批手续，故E选项错误。

2. 地基基础工程施工前，编制的专项施工方案内容应包括（　　）。

A. 基础施工技术参数

B. 基础施工工艺流程

C. 基础施工审批流程

D. 工程监测要求

E. 基础施工方法

【解析】地基基础工程施工前，应编制施工组织设计或专项施工方案，其内容应包括：基础施工技术参数、基础施工工艺流程、基础施工方法、基础施工安全技术措施、应急预案、工程监测要求等。

3. 关于起重吊装安全管理要点，说法错误的有（　　）。

A. 起重吊装作业前，应进行安全技术措施交底

B. 起重机操作人员必须持特种作业资格证书上岗

C. 吊装构件滑落砸伤人员时，首先确认无继续坠物风险

D. 风力5级的天气应停止露天起重吊装作业

E. 自行式起重机在斜坡上作业应将支腿全部伸出，并支垫牢固

【解析】风力超过5级（含5级）或大雨、大雪、大雾等恶劣天气时，严禁进行起重机械的安装拆卸作业。在风力超过6级（含6级）或大雨、大雪、大雾等恶劣天气时，应停止露天的起重吊装作业，故D选项错误。自行式起重机工作时的停放位置应按施工方案与沟渠、基坑保持安全距离，且作业时不得停放在斜坡上。作业前应将支腿全部伸出，并应支垫牢固，故E选项错误。

4. 施工企业在项目管理中对企业升级申请和增项申请造成影响的行为有（　　）。

A. 允许其他企业或个人以本企业的名义承揽工程

B. 未取得施工许可证擅自施工

C. 将承包的工程转包或违法分包

D. 发生过一起以上一般质量安全事故

E. 隐瞒或谎报、拖延报告工程质量安全事故

【解析】对企业升级申请和增项申请造成影响的行为：发生过较大以上质量安全事故或者发生过两起以上一般质量安全事故的。

5. 施工组织设计内容中，施工总体部署应包括（　　）。

A. 主要工程目标 　　　　　　　　　　B. 总体组织安排

C. 总体施工安排 　　　　　　　　　　D. 施工进度计划

E. 施工技术方案

【解析】施工总体部署应包括主要工程目标、总体组织安排、总体施工安排、施工进度计划及总体资源配置等。

6. 施工作业过程中应及时对施工组织设计进行修改或补充的情况有（　　）。

A. 工程设计有重大变更　　　　　　B. 施工主要管理人员变动

C. 主要施工资源配置有重大调整　　D. 施工环境有重大改变

E. 主要施工材料供货单位发生变化

【解析】施工作业过程中发生下列情况之一时，施工组织设计应及时修改或补充：①工程设计有重大变更。②主要施工资源配置有重大调整。③施工环境有重大改变。

7. 依据相关规定，下列分部分项工程需要专家论证有（　　）。

A. 开挖深度超过 5m 的基坑土方开挖工程

B. 开挖深度 16m 的人工挖孔桩工程

C. 采用起重机械进行安装的工程

D. 搭设高度 5m 及以上的混凝土模板支撑工程

E. 采用常规起重设备且单件起吊重量在 10kN 的起重吊装工程

【解析】超过一定规模的危大工程范围：①混凝土模板支撑工程，搭设高度 8m 及以上，或搭设跨度 18m 及以上，或施工总荷载（设计值）$15kN/m^2$ 及以上，或集中线荷载（设计值）$20kN/m$ 及以上。②采用非常规起重设备、方法，且单件起吊重量在 100kN 及以上的起重吊装工程。D、E 选项是危险性较大的分部分项工程范围。

8. 施工单位编制的专项方案中，验收要求应包括的内容有（　　）。

A. 验收标准　　　　　　　　　　　B. 验收程序

C. 验收内容　　　　　　　　　　　D. 验收人员

E. 验收日期

【解析】专项方案编制中的验收要求：验收标准、验收程序、验收内容、验收人员等。

【相关知识点】专项方案编制应当包括：①工程概况。②编制依据。③施工计划。④施工工艺技术。⑤施工安全保证措施。⑥施工管理及作业人员配备和分工等。⑦验收要求。⑧应急处置措施。⑨计算书及相关施工图纸。

9. 质量实施控制"三检制"流程，其内容包括（　　）。

A. 班组间互检　　　　　　　　　　B. 工种间互检

C. 专业检查　　　　　　　　　　　D. 工序间互检

E. 项目部检查

【解析】项目质量控制流程：实施班组自检、工序或工种间互检、专业检查的"三检制"流程。

10. 在设置施工成本管理组织机构时，要考虑到市政公用工程施工项目具有（　　）等特点。

A. 多变性　　　　　　　　　　　　B. 阶段性

C. 流动性　　　　　　　　　　　　D. 单件性

E. 简单性

【解析】市政公用工程施工项目具有多变性、流动性、阶段性等特点，这就要求成本管理工作和成本管理组织机构随之进行相应调整，以使组织机构适应施工项目的变化。

本题完全可以通过分析得出答案。众所周知，市政工程一般多专业交叉、综合施工，拆迁与新建同时进行，施工用地紧张、流动性大，容易对交通、生活造成干扰等，所以 D、E 选项明显不符合题意。市政工程项目特点一般多在案例中结合背景资料进行考核。

11. 引发有限空间作业中毒风险的典型物质有（　　）。

A. 硫化氢　　　　　　　　　　　　B. 氰化氢

C. 二氧化碳　　　　　　　　　　　D. 六氟化硫

E. 一氧化碳

【解析】引发有限空间作业中毒风险的典型物质有：硫化氢、一氧化碳、苯和苯系物、氰化氢、磷化氢等。

有限空间内缺氧主要有两种情形：一是由于生物的呼吸作用或物质的氧化作用，有限空间内的氧气被消耗导致缺氧；二是有限空间内存在二氧化碳、甲烷、氮气、氩气、水蒸气和六氟化硫等单纯性窒息气体，排挤氧空间，使空气中氧含量降低，氧含量低于 19.5% 时就是缺氧。

【相关知识点】进入有限空间进行施工、检修、清理作业的，施工单位应实施作业审批。未经作业负责人审批，任何人不得进入有限空间作业，不得在没有监护人的情况下作业。有限空间作业必须"先通风，再检测，后作业"。

12. 建筑施工现场"五牌一图"指的是（　　）。

A. 工程概况牌　　　　　　　　　　B. 施工现场总平面图

C. 安全保卫牌　　　　　　　　　　D. 文明施工牌

E. 安全生产牌

【解析】施工现场必须设有"五牌一图"，即工程概况牌、管理人员名单及监督电话牌、消防保卫（防火责任）牌、安全生产牌、文明施工牌和施工现场总平面图。本题 C 选项错误，应为消防保卫牌或防火责任牌。

📋 参考答案

一、单项选择题

1. A	2. C	3. C	4. A	5. C
6. D	7. B	8. C	9. B	10. B
11. D	12. C			

二、多项选择题

1. ABD	2. ABDE	3. DE	4. ABCE	5. ABCD
6. ACD	7. AB	8. ABCD	9. BCD	10. ABC
11. ABE	12. ABDE			

第2部分

二建经典案例题(2014—2024年)

案例1 2024年二建A卷案例题一

背景资料

某公司承建一项城镇主干路新建工程，全长3.1km，施工桩号为K0+000～K3+100。道路路面结构分为两种类型，其中K0+000～K3+000段路面面层为厚18cm沥青混合料面层，K3+000～K3+100段路面面层为厚28cm水泥混凝土面层；路面基层均为水泥稳定碎石基层。两种路面面层在K3+000处呈阶梯状衔接，衔接处设置长4m水泥混凝土过渡段。路面衔接段结构如下图所示。

路面衔接段结构示意图（尺寸单位：cm）

施工过程中发生如下事件：

事件一：在 K0+550～K0+610 路段有一座废弃池塘，深约 2m。处置方案为清淤后换填级配砂砾，再利用挖方段土方填筑至设计标高。施工前项目部对填方用土进行了液限、塑限和 CBR 试验。

事件二：水泥混凝土路面及过渡段铺筑完成后，养护达到可开放交通条件时，再分层摊铺衔接处沥青混合料面层。为确保过渡段面层衔接紧密，横缝连接平顺，项目部采取了相应的施工工艺措施。

事件三：在 K2+200 填方坡脚处有 10kV 电力架空线线杆，由于线路迁移滞后，路基施工时项目部对线杆采取了安全保护措施。

📖 问题

1. 给出图中构件 A、B 及接缝 C 的名称。
2. 给出图中沥青路面结构层 D 的名称，该层宜采用哪种沥青材料？
3. 事件一中，项目部通常还应对填方用土进行哪些试验？
4. 事件二中，水泥混凝土路面开放交通应满足什么条件？过渡段面层衔接应采取哪些施工工艺措施？
5. 事件三中，给出应对线杆采取的安全保护措施。

📑 参考答案及解析

1. 给出图中构件 A、B 及接缝 C 的名称。
【参考答案】
A—拉杆；B—传力杆；C—横向胀缝。

【解析】本小问为典型的识图题，构件 A 和构件 B 的名称分别为拉杆和传力杆，毫无争议。接缝 C 的名称则存在不同观点，有的考生认为其可视为横向胀缝或横向缩缝。然而，在城市快速路和主干路中，仅在特重及重交通等级的混凝土路面中，横向胀缝和横向缩缝才均需设置传力杆。鉴于本工程属于城市主干路，但并未明确是特重或重交通等级路面，因此将其认定为横向缩缝缺乏依据。

2. 给出图中沥青路面结构层 D 的名称，该层宜采用哪种沥青材料？
【参考答案】
（1）D 的名称是下封层。
（2）采用改性沥青或改性乳化沥青。

【解析】《公路沥青路面施工技术规范》JTG F40—2004 中对于下封层的规定如下：

6.4.1 多雨潮湿地区的高速公路、一级公路的沥青面层空隙率较大，有严重渗水可能，或铺筑基层不能及时铺筑沥青面层而需通行车辆时，宜在喷洒透层油后铺筑下封层。

从该规范中可知，并非所有的沥青面层都设置下封层，设置下封层的前提是多雨潮湿地区、面层空隙率较大，或者是铺筑基层不能及时铺筑沥青面层而需通行车辆。只有在这两种情况下，才需设置下封层。

3. 事件一中，项目部通常还应对填方用土进行哪些试验？

【参考答案】

天然含水率、标准击实试验。必要时应做颗粒分析、有机质含量、易溶盐含量、冻膨胀和膨胀量等试验。

【解析】本小问考核知识点为记忆性考点，比较适合出案例补充或多选题。后期备考中，对那些适合出案例补充、简答题却尚未在考试中出现的知识点，应予以更多关注。

4. 事件二中，水泥混凝土路面开放交通应满足什么条件？过渡段面层衔接应采取哪些施工工艺措施？

【参考答案】

（1）面层混凝土完全达到设计弯拉强度且填缝完成。

（2）过渡段进行清理和铣刨，铺设土工织物并刷粘层油。

【解析】水泥混凝土路面开放交通应满足什么条件有两个采分点，分别是设计弯拉强度和填缝。过渡段属于教材新增的知识点：混凝土路面与沥青路面相接时，设置不少于3m的过渡段，过渡段路面应采用两种路面呈阶梯状叠合布置。同时从案例图中可知，过渡段处为水泥混凝土面层上面加铺沥青混凝土面层。为确保面层之间的衔接，需对已浇筑的混凝土进行清理并刷上粘层油，同时为防止裂缝，还需设置土工织物。

5. 事件三中，给出应对线杆采取的安全保护措施。

【参考答案】

（1）线杆四周应设置护栏并浇筑混凝土。

（2）线杆上贴反光标志并悬挂警示牌。

（3）对线杆进行定期倾斜、沉降监测。

（4）施工期间派专人监督检查。

【解析】该线杆位于填方道路下坡脚的位置。为避免施工机械在填筑路基时撞击线杆，需要在其周围悬挂标牌、安装护栏并浇筑混凝土进行硬化。此外，为应对夜间施工，还需设置反光标志。施工期间即使机械未撞击线杆，压路机等设备的振动也可能对线杆造成影响，因此需要定期监测线杆并安排专人进行检查。

案例 2 2024 年二建 A 卷案例题二

背景资料

某公司承建一座城市桥梁工程，双向四车道，桥面宽度28m。上部结构为2×（3×30m）预制预应力混凝土T形梁。下部结构为盖梁及130cm圆柱式墩，基础采用φ150cm钢筋混凝土钻孔灌注桩；薄壁式桥台，基础采用120cm钢筋混凝土钻孔灌注桩；桩基础均为端承桩。桥台位于河岸陆上旱地，地层主要为耕植土、黏性土、砂性土等，台后路基引道长150m。0号桥台构造如下图所示。

0号桥台构造示意图（尺寸单位：cm）

施工过程发生如下事件：

事件一：桥台桩基施工前，项目部对台后路基引道用地进行场地清理与平整，修筑施工便道、泥浆池及安装泥浆循环系统等临时设施，并做好安全防护措施。

事件二：桩基成孔及钢筋笼吊装完成后，在灌注水下混凝土前，进行二次清孔。经检验，孔内泥浆性能指标符合标准规定，孔底沉渣厚度为150mm，项目部随即组织灌注水下混凝土。

问题

1. 给出图中构件A、B的名称。

2. 列式计算上部结构预制T形梁的数量及图中构件A的混凝土体积。（单位m³，计算结果保留小数点后两位数）

3. 事件一中，泥浆池根据不同使用功能可分为哪些组成部分？

4. 事件一中，指出泥浆池应采取的安全防护措施。

5. 事件二中，项目部是否可以组织灌注水下混凝土？说明理由。

参考答案及解析

1. 给出图中构件A、B的名称。

【参考答案】

构件A—承台；构件B—支座垫石。

【解析】 桥台的基础可以采用扩大基础或桩基础。绝大多数情况下，桩基础是直接与桥台连接的。然而，在一些特殊情况下，例如设计的桩间距较大时，桩与桥台之间会设置承台进行连接。本工程正好属于这种情况。

2. 列式计算上部结构预制 T 形梁的数量及图中构件 A 的混凝土体积。（单位 m³，计算结果保留小数点后两位数）

【参考答案】

（1）T 形梁数量：2×3×12＝72 片。

（2）构件 A（承台）混凝土体积：2.0×5.2×28.4＝295.36m³。

【解析】本题两小问均为简单的计算题。第一小问计算 T 形梁的数量。根据立面图中支座垫石的数量可知，该桥梁每跨布置 12 片 T 形梁，由题干可知上部结构为 2×（3×30m）T 形梁，即桥梁有 2 联，每联 3 跨，每跨长度为 30m，计算可得 T 形梁为 72 片。第二小问计算承台混凝土的方量，题目相对简单，只需理解三视图并直接计算其体积即可。

3. 事件一中，泥浆池根据不同使用功能可分为哪些组成部分？

【参考答案】

泥浆池包括制浆池、储浆池、沉淀池。

【解析】制浆池用于将原料与水混合，制成泥浆，提供给后续施工使用。储浆池用于储存已制备好的泥浆，确保在施工过程中有足够的泥浆供应，防止因供应不足而影响施工进度。沉淀池用于沉淀泥浆中的固体颗粒，清洁泥浆，提高其循环利用的效率。

4. 事件一中，指出泥浆池应采取的安全防护措施。

【参考答案】

安全防护措施包括：四周设置安全防护栏杆和密目安全网，悬挂安全警示标志，夜间设置警示红灯，并安排专人进行检查和维护。

【解析】安全防护措施是通用知识点，不仅适用于泥浆池，也适用于基坑、沟槽、竖井等可能发生人员坠落的地方。因此，在这些区域，必须采取相应的安全防护措施，以保障施工人员的安全。设置防护栏杆、警示标志和夜间警示灯，可以有效减少事故发生的风险，提高施工现场的安全性。定期检查和维护防护设施也是确保其有效性的关键环节。

5. 事件二中，项目部是否可以组织灌注水下混凝土？说明理由。

【参考答案】

（1）项目部不可以组织灌注水下混凝土。

（2）理由：本工程桩基础均为端承桩，孔底沉渣厚度不应大于 50mm。

【解析】该小问相对简单，属于教材中的记忆性考点。在一、二建教材中，对孔底沉渣厚度的规定存在差异，在考试时应依据当年的考试用书进行作答。

案例3　2024年二建A卷案例题三

背景资料

某城市浅埋暗挖隧道长550m，沿线下穿道路、管线等市政设施。隧道设计为马蹄形断面，复合式衬砌结构由外向内依次为初期支护、X、二次衬砌，如图1所示。隧道开挖断面尺寸为11.5m×8.5m，断面开挖分块如图2所示。全线设三座竖井相向掘进施工。

图1　隧道断面示意图

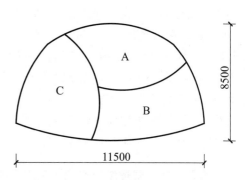

图2　断面开挖分块示意图（单位：mm）

施工过程中发生如下事件：

事件一：项目部编制了隧道暗挖专项施工方案，经项目经理审批后组织专家论证。专家组认为：①所选取的隧道贯通位置不合理，建议调整；②开始贯通时需停止一个开挖面作业，改为单向掘进，方案应明确此时两个开挖面的距离。

事件二：由于工期紧迫，项目部在初期支护养护结束后向监理工程师申请施作二次衬砌，监理工程师分析监测数据后拒绝了项目部的要求，并进一步明确了隧道二次衬砌的施作条件。

问题

1. 给出复合式衬砌结构中X的名称。

2. 结合图2给出该浅埋暗挖施工方法的名称；用图2中的字母表示隧道断面的开挖顺序。

3. 事件一中，隧道暗挖专项施工方案的审批流程是否正确？说明理由。

4. 事件一中，分别给出选取隧道贯通位置的原则及开始贯通时两个开挖面的距离。

5. 事件二中，给出二次衬砌的施作条件。

📑 参考答案及解析

1. 给出复合式衬砌结构中 X 的名称。

【参考答案】

X 的名称为防水层。

【解析】 本小问为典型的识图题，相对容易回答。不过，隧道断面图中可考核的内容还有很多，例如隧道径向锚杆、锁脚锚杆、仰拱等。因此，考生在复习时应全面理解隧道结构的各个组成部分，以便更好地应对相关考试内容。

2. 结合图 2 给出该浅埋暗挖施工方法的名称；用图 2 中的字母表示隧道断面的开挖顺序。

【参考答案】

（1）该浅埋暗挖施工方法属于单侧壁导坑法。

（2）隧道断面开挖顺序为：C→A→B。

【解析】 在二建市政教材中，隧道施工方法中的单侧壁导坑法已被删除，因此这一内容属于延伸知识点的考核范畴。不过，隧道断面开挖顺序依然是较易获取分数的环节。在开挖过程中，A 和 B 工序通常是先上后下的顺序，而 C 断面的规模相较于 A 和 B 要小得多。隧道开挖一般是先开挖一个较小的局部断面，然后开挖一个较大的断面，这符合施工的基本常识。因此，开挖顺序为 C→A→B 是合理的。

考生在复习时应重点掌握这些常见的施工原则及顺序，以便提升解题能力。

3. 事件一中，隧道暗挖专项施工方案的审批流程是否正确？说明理由。

【参考答案】

（1）审批流程不正确。

（2）专家论证前，专项施工方案应当通过施工单位审核和总监理工程师审查。

【解析】 本题案例背景提到项目部编制了隧道暗挖专项施工方案，并在项目经理审批后组织专家论证。因此，回答的方向主要集中在专项施工方案论证前的审批流程上。根据规定，专项施工方案在进行专家论证之前，必须经过施工单位的审核以及总监理工程师的审查，以确保方案的合理性和可行性。

4. 事件一中，分别给出选取隧道贯通位置的原则及开始贯通时两个开挖面的距离。

【参考答案】

（1）原则：土质较好、地层稳定、避开检查井等构筑物。

（2）贯通时的距离：2×11.5＝23m。

【解析】 本题涉及隧道贯通位置的原则及贯通时两个开挖面的距离。第二小问相对容易回答。根据要求，同一隧道内相对开挖（非爆破方法）的两个开挖面距离应为 2 倍洞径且不小于 10m。当一端应停止掘进以保持开挖面稳定时，隧道的跨径为 11.5m，因此两个开挖面相距 23m，大于 10m。

第一小问考核的"选取隧道贯通位置的原则"属于实操性知识点，且与第二小问的内容并不完全重复。隧道贯通时会对地层产生一定影响，因此在选取贯通位置时，必须考虑土质的优劣、地层的稳定性以及周围构筑物的情况。

在备考时，应准确区分命题者准备考核的内容是实操性还是记忆性的知识点，以避免答题方向的偏差。

5. 事件二中，给出二次衬砌的施作条件。

【参考答案】

初期支护变形基本稳定，且防水层施工完成后施作。

【解析】 本题考核的内容属于记忆性考点，教材中有相关原文。案例背景中也提供了线索，项目部在初期支护养护结束后向监理工程师申请施作二次衬砌，但监理工程师在分析监测数据后拒绝了这一要求。这表明二次衬砌的施作条件与初期支护的状态密切相关。监测数据通常包括隧道的拱顶沉降、净空收敛等指标。只有当初期支护的变形基本稳定时，这些监测数值才不会出现明显变化。因此，确保初期支护的稳定性是施作二次衬砌的关键条件。

案例 4 2024 年二建 A 卷案例题四

背景资料

某城市环境提升改造工程，扩建活水管线采用 $D1200$mm 钢筋混凝土管，埋深 8～9m，顶管敷设，工作井采用钢筋混凝土圆形沉井，内径 6.0m，地层为杂填土、黏质粉土、粉细砂和粉质黏土，地下水丰富。沉井结构如下图所示。

沉井结构示意图（尺寸单位：mm；高程单位：m）

为保证邻近建筑物安全，沉井周边设置水泥土搅拌桩隔水帷幕，水泥土搅拌桩施工工艺流程为：场地平整→A→搅拌钻进至设计标高→边提升搅拌边喷粉至预定停浆面→B→提升搅拌喷粉至预定停浆面。

沉井内设置管井，采取排水下沉方法施工。开挖过程中基底出现局部大量渗水，经处理后继续下沉施工。

项目部编制了顶管工程专项施工方案，方案中根据工程特点并结合公司现有的泥水平衡、土压平衡顶管机进行设备选型，沉井完成后，安装顶管机和相关顶进设施，经调试合格，开始顶管施工。

📖 问题

1. 给出水泥土搅拌桩施工工艺流程中 A、B 的内容。
2. 根据沉井结构示意图，列式计算地下水埋深。（单位 m，计算结果保留小数点后两位数）
3. 试述沉井基底大量渗水未及时处理可能产生的风险。
4. 根据工程特点，项目宜选用哪种类型的顶管机？
5. 指出沉井内应安装哪些主要顶进设施？

📑 参考答案及解析

1. 给出水泥土搅拌桩施工工艺流程中 A、B 的内容。

【参考答案】

A：搅拌机械就位、调平。

B：重复搅拌下沉至设计标高。

【解析】在市政专业中，施工流程经常被考核，但考试中的施工流程有时与教材内容并不完全对应。例如，本考点案例背景中的工序"水泥土搅拌桩施工工艺流程为：场地平整→A→搅拌钻进至设计标高→边提升搅拌边喷粉至预定停浆面→B→提升搅拌喷粉至预定停浆面"。而教材中的工序为"搅拌机械就位、调平→预搅下沉至设计加固深度→边喷浆（粉）、边搅拌提升直至预定的停浆（灰）面→重复搅拌下沉至设计加固深度→根据设计要求，喷浆（粉）或仅搅拌提升直至预定的停浆（灰）面→关闭搅拌机械"。

在考试中遇到这种情况时，必须依据案例背景的描述方式进行作答。例如，教材中的第二个工序和第四个工序分别为"预搅下沉至设计加固深度"和"重复搅拌下沉至设计加固深度"。而在案例背景中，命题者将"预搅下沉至设计加固深度"表达为"搅拌钻进至设计标高"，因此后面对应的工序也应写成"重复搅拌下沉至设计标高"。考生应注意这种表达形式的变化，以确保答题的准确性。

2. 根据沉井结构示意图，列式计算地下水埋深。（单位 m，计算结果保留小数点后两位数）

【参考答案】

地下水埋深：34.500-30.650＝3.85m。

【解析】本题要求计算地下水埋深，涉及基本概念和识图能力。地下水埋深是指从地面到原地下水位的垂直距离。在本题中，地面标高为 34.500m，地下水位标高为 30.650m。因此，地下水埋深的计算公式为：地下水埋深=地面标高-地下水位标高。依据该公式，代入数值计算即可。需要注意的是，计算结果应保留两位小数，因此答案为 3.85m，而不是 3.850m。

3. 试述沉井基底大量渗水未及时处理可能产生的风险。

【参考答案】

（1）沉井倾斜（歪斜），严重时可导致沉井开裂坍塌事故。

（2）沉井周边地表沉降，可能导致建筑物、管线沉降或开裂。

【解析】沉井基底若出现大量渗水而未及时处理，可能引发多种风险。首先，沉井如同一个基坑，渗水会增加基底的水压力，从而导致沉井倾斜。如果倾斜严重，可能引发结构开裂，甚至发生坍塌事故，严重影响施工安全。此外，沉井周边的地表也会受到影响，可能导致周边建筑物或管线的沉降或开裂。这是因为渗水的存在会改变土壤的物理性质，降低土壤的承载能力，进而造成不均匀沉降。总之，未及时处理的渗水问题不仅会影响沉井本身的结构安全，还可能引发周边环境的风险，影响整体施工的安全性和稳定性。因此，及时监测和处理渗水问题至关重要。

4. 根据工程特点，项目宜选用哪种类型的顶管机?

【参考答案】

根据工程特点，项目宜选用泥水平衡顶管机。

【解析】根据项目的工程特点，选择泥水平衡顶管机是合理的。首先，该项目的地质条件为粉细砂，属于软土地质，容易发生变形。在这种情况下，泥水平衡顶管机能够有效地控制土体压力，减少变形风险。其次，项目的地下水位较高，如果选择其他类型的顶管机，可能需要进行降水施工，这不仅增加了施工复杂性，还可能对周围环境造成影响。泥水平衡顶管机通过泥浆的压力平衡，能够在不降水的情况下进行顶管施工，确保施工安全和效率。

因此，综合考虑地质条件和地下水位因素，泥水平衡顶管机是该项目的最佳选择。

5. 指出沉井内应安装哪些主要顶进设施?

【参考答案】

应安装：导轨，千斤顶支架，后背墙，液压系统，顶铁。

【解析】在沉井施工中，安装主要顶进设施是确保施工安全与效率的关键。以下是沉井内应安装的主要顶进设施及其功能：①导轨。用于引导顶管机的移动，确保顶管在施工过程中沿预定方向推进，避免偏移。②千斤顶支架。提供顶进所需的力量，支撑顶管机的稳定性，确保在顶进过程中能够有效施加压力。③后背墙。在顶管施工中，一般用于增强结构的稳定性，并为顶管提供反力，确保土体的侧向压力不会影响顶管的推进。④液压系统。为千斤顶提供动力，控制顶进的速度和力量，保证顶管的推进过程平稳。⑤顶铁。用于连接千斤顶与管道，确保顶力有效地传递。

案例 5　2024 年二建 B 卷案例题一

背景资料

　　某施工单位中标承接城市更新老旧小区改造项目，对小区现状调查情况如下：车行道水泥混凝土路面多处出现龟裂；人行道局部缺损，多处下沉；排水管道淤塞不畅，道路雨后多处积水；绿地植被损毁严重。主要改造内容如下：现状水泥混凝土路面加铺一层沥青砂面层，对加铺的沥青砂采用了环保材料 WAC-13，如下图左侧所示车行道断面。人行道整体翻挖，基础处理后按小区改造要求进行透水铺装，如下图右侧所示人行道断面。管道疏通、CCTV 检查后，对管道内接口脱开、管顶坍塌部分做出局部开挖换管处理，积水严重路段共增设 D250 雨水支管 3 条，接入雨水干管；绿地翻新，道路周边绿地改造为海绵绿地，设置了植草沟形式的雨水收集系统。

　　项目部为减少施工对居民影响，编制了环境保护施工方案。其中包括水土污染控制、有害气体排放控制、噪声防治等内容。

　　增设的雨水支管沟槽开挖深度为 1.2 ~ 1.5m，开挖范围内土质为杂填土，为克服现场施工面狭窄困难，方案中采用直槽开挖方式施工。

改造后路面结构横断面示意图

问题

1. 图左侧所示车行道面层所用环保施工材料 WAC-13 沥青砂有哪些施工优点?

2. 图右侧所示人行道铺装结构就其功能而言属于何种形式透水铺装?简述其工作原理。

3. 在海绵城市建设中,植草沟有哪些主要功能和作用?

4. 环境保护方案中还应包含哪些内容?

5. 在保证安全前提下,充分考虑经济性,该项目中雨水支管沟槽开挖可采用何种支护材料进行支护?

参考答案及解析

1. 图左侧所示车行道面层所用环保施工材料 WAC-13 沥青砂有哪些施工优点?

【参考答案】

施工优点有:施工方便(灵活)、快捷(速度快)、污染小(清洁环保)、经济性好(造价低)。

【解析】本题要求列举 WAC-13 沥青砂的施工优点。尽管教材中未详细介绍该材料,考生可以依靠常识作答。所谓优点是指该材料在施工中的积极方面,回答时应采用夸赞的语言。在介绍施工机械、设备或材料的优点时,通常可以从以下几个方面阐述:进度、造价、质量、安全和环境。同时,在作答时需认真审题,确保聚焦于"施工优点",避免详细讨论沥青砂的物理特性(如黏合度、防水性、耐磨性等),因为这些不属于"施工优点"的范畴。通过这种精准的聚焦训练,考生能够避免在考试中写出大量无分值的文字。

2. 图右侧所示人行道铺装结构就其功能而言属于何种形式透水铺装?简述其工作原理。

【参考答案】

(1)属于半透水铺装。

(2)雨水渗透透水铺装层被干硬砂浆层阻断,随2%坡汇入侧石泄水管、流入车行道面层,最终进入收水井(雨水口)。

【解析】本题考核识图能力。图中人行步道的面层为透水砖,但下面的水泥砂浆结合层以及水泥混凝土均为不透水层,属于典型的半透水铺装,作答工作原理时只要将水的运行路线介绍清楚即可。

3. 在海绵城市建设中,植草沟有哪些主要功能和作用?

【参考答案】

主要功能和作用有:收集雨水;转输雨水;净化(过滤)雨水;滞留(节流)雨水径流;调节排水(防止水土流失);设施、系统衔接。

【解析】植草沟，顾名思义，既是一个"沟"，又在其中种植了草。在分析其作用时，需同时考虑其雨水的收集和转输功能，以及与其他设备和系统的衔接。此外，沟内植草后，还能对流经沟内的雨水进行净化和滞留处理。作答时，建议遵循冗余原则，尽量用不同的表达方式展示相同的意思，以增强答案的全面性。

4. 环境保护方案中还应包含哪些内容？

【参考答案】

还应包括：扬尘控制、光污染控制、建筑垃圾控制等。

【解析】施工现场环境保护包括：扬尘控制措施、有害气体排放控制措施、水土污染控制措施、噪声污染控制措施、光污染控制措施、建筑垃圾控制措施等。背景中列举三项，要求补充剩余内容，属于传统的案例补充题。

绿色施工、环境保护属于近年来市政考试的重点内容，备考中需顺势而为，对于绿色、节能、环保、城市基础设施更新等内容作为未来备考复习的重点。

5. 在保证安全前提下，充分考虑经济性，该项目中雨水支管沟槽开挖可采用何种支护材料进行支护？

【参考答案】

可采用：圆木桩、木方、木板、钢板桩（工字钢、H型钢）、钢管。

【解析】因为本工程沟槽开挖深度仅为 1.2~1.5m，而拉森钢板桩适用于深基坑。此外，问题中特意强调在保证安全的前提下，需要充分考虑经济性，因此不需要采用拉森钢板桩。

案例 6　2024 年二建 B 卷案例题二

背景资料

某公司承建一项城镇雨污分流改造工程，其中污水管线全长 700m，为 DN800F 型钢承口式钢筋混凝土管，在穿越路口处采用泥水平衡顶管法施工。污水管埋深 7m，穿越地层为粉质黏土层，下穿多条市政管线，其中最小垂直净距 2m。

项目部编制了顶管施工专项方案，方案中工艺流程如下图所示。

项目部选用 50t 轮胎起重机进行顶管机安装。在吊装前，对起重设备、人员证书进行了检查，并组织了安全技术交底。项目部调整好施工作业顺序和顶进参数后，按顶进过程中应遵循的原则正常顶进。在下穿管线地段，采取了在管背注浆加固及调整顶进参数等一系列防止市政管线沉降变形的措施，顶管结束后采用水泥砂浆进行触变泥浆置换。

顶管施工工艺流程图

问题

1. 补充顶管施工工艺流程图中工序 A、B 的名称。

2. 吊装顶管机时，除了保证工作井上下联络信号畅通，还有哪些安全作业注意事项？

3. 顶进过程中压注触变泥浆的作用是什么？贯通后进行泥浆置换的目的是什么？

4. 顶进过程需遵循的原则是什么？

5. 控制哪些顶进参数可防止地面沉降？

参考答案及解析

1. 补充顶管施工工艺流程图中工序 A、B 的名称。

【参考答案】

A—初始顶进（试顶进）；B—拆设备、吊机头。

【解析】 该流程图简化了教材中顶管施工的流程。即使未能记住教材中的知识点，也可以通过案例背景中的施工工序进行分析得出答案。

在工序 A 之前是开洞工序，工序 A 之后是正常顶进。工序 A 还需验证施工参数，因此它被视为正常顶进的"先锋"，负责对施工中的各项参数进行验证。在考试中，写出初始顶进或试顶进均可获得相应分数。

工序 B 则是机头进入接收井的后续步骤。根据顶进前有顶进设备安装这个工序，对应的工序 B 应为拆除设备。

2. 吊装顶管机时，除了保证工作井上下联络信号畅通，还有哪些安全作业注意事项？

【参考答案】

安全作业注意事项还有：起重荷载计算，设备检查，试吊，吊机下严禁站人，吊装作业区域设置警示标志，专人指挥。

【解析】本题考核的是不开槽管道施工的安全控制内容，涉及面较为综合。该题目可以作为起重吊装安全控制的通用答题模板。在作答此类题目时，应尽量涵盖更多相关的安全注意事项，以确保覆盖更多的采分点。

3. 顶进过程中压注触变泥浆的作用是什么？贯通后进行泥浆置换的目的是什么？

【参考答案】

（1）顶进过程中压注触变泥浆的作用是减小摩阻力（润滑）。

（2）贯通后进行泥浆置换的目的是消除地面沉降（填充间隙）。

【解析】在顶管过程中，压注触变泥浆能够降低管道外壁与土体之间的摩擦系数，从而减小摩阻力。然而，触变泥浆在管道与土体之间会产生间隙，后期泥浆中的水分被土体吸收后，可能导致地表出现沉降。因此，有必要进行泥浆置换，以填充这些间隙并消除地面沉降的风险。

4. 顶进过程需遵循的原则是什么？

【参考答案】

需要遵循的原则：勤测量（勤量测）、勤纠偏（及时纠偏）、微纠偏（小纠偏）。

【解析】勤测量意味着在施工的各个阶段实时掌握顶管机的姿态，确保其符合设计要求。勤纠偏强调在发现偏差时，及时进行调整，以避免小问题演变为大隐患。微纠偏则是指在施工过程中对偏差进行小范围的调整，以确保纠偏不会导致线形的剧烈变化，从而避免质量问题的出现。

近年来，考试中频繁考核教材中的"原则"内容，因此在备考时应特别关注那些尚未考核的"原则"，以便为考试做好充分准备。

5. 控制哪些顶进参数可防止地面沉降？

【参考答案】

控制顶进速度、挖土和出土量。

【解析】教材中介绍为：控制顶进速度、挖土和出土量，减少土体扰动和地层变形。

当土层发生变形时，周围的土壤结构可能受到破坏，导致其承载能力下降，从而引发地表的下沉现象。控制施工过程中的顶进速度、挖土量和出土量，可以减少对土层的扰动，确保土壤的自然状态不被过度改变。

背景资料

某公司中标一项环境整治工程。主要施工内容有道路、管道、检查井、调蓄池等。其中 1# 调蓄池埋深 8.5m，结构尺寸为 17.05m×9.65m×7.5m（长×宽×高）。原地面标高为 5.88m。

1# 调蓄池上部平面图如图 1 所示。

图 1　1# 调蓄池上部平面图（单位：mm）

事件一：项目部进场后在进行探槽施工时，发现 1# 调蓄池西侧有一条强电管线在基坑开挖范围内，埋深约 1.8m，项目经理及时上报了监理和建设单位。

事件二：项目部根据施工组织设计编制的调蓄池施工方案要求调蓄池混凝土分三次浇筑，在调蓄池底板顶面向上 100mm 处设置首道水平施工缝，如图 2 所示。调蓄池内支架采用盘扣支架、50mm×100mm 木方和 15mm 厚竹胶板。

图2　1—1剖面图（单位：mm）

事件三：在调蓄池顶板支架模板安装完成后，钢筋工长组织进场放样并吊运钢筋到模板上准备绑扎，监理工程师见状叫停施工，并要求项目部整改。

问题

1. 建设单位研究决定对$1^{\#}$调蓄池的强电管线进行迁移，在迁移之前，项目部应做哪些工作？
2. 调蓄池侧墙水平施工缝高度设置要求是什么？方案中设置的高度是否合适？
3. 盘扣支架相比于扣件式脚手架有哪些优点？
4. 根据图2列式计算$1^{\#}$调蓄池顶板支架模板搭设高度。
5. 简述事件三中，监理叫停施工的理由。

参考答案及解析

1. 建设单位研究决定对$1^{\#}$调蓄池的强电管线进行迁移，在迁移之前，项目部应做哪些工作？

【参考答案】

（1）将基槽内的管线人工开挖暴露。

（2）编制强电管线保护专项施工方案（迁移方案、迁改方案）并审批。

（3）采取安全保护措施（加固、悬吊）。

【解析】本题属于管线调查保护的内容，但题目并未明确具体的迁移时间，所以在作答时，需将基坑开挖前后这段时间中应采取的保护措施全部列举出来。所以项目部进行的工作应该有方案编制、审批，基坑开挖前对管线人工开挖暴露，以及开挖后的保护措施。

2. 调蓄池侧墙水平施工缝高度设置要求是什么？方案中设置的高度是否合适？

【参考答案】

（1）要求高出底板表面不小于300mm的墙体上。

（2）方案中设置的高度不合适。

【解析】虽然二建市政教材中已将给排水构筑物施工的相关内容全部删除，但是教材增加了隧道结构工程施工的相关内容，在该模块中对于底板与侧墙施工缝位置有介绍：墙体水平施工缝应留设在高出底板表面不小于300mm的墙体上。未来二建市政专业考核给排水构筑物施工缝位置时，可以参考隧道结构的要求。

3. 盘扣支架相比于扣件式脚手架有哪些优点？

【参考答案】

优点有：强度、刚度较大，承载力、稳定性和整体性更好，便于搭设（安拆方便），速度快（快捷）。

【解析】针对某一种工法、材料或机械的优点，属于市政专业经常考核的题型之一。在回答此类题目时，可以采用"夸赞"的方式，强调盘扣支架在强度、稳定性和施工效率等方面的优势。一定要掌握这种答题的方法，这将有助于你在考试中获得额外的分数。

4. 根据图2列式计算1#调蓄池顶板支架模板搭设高度。

【参考答案】

$7500-900-360=6240mm$

【解析】结构尺寸通常表示为长×宽×高，其中高度一般指整个结构的外部最大尺寸，包括底板和顶板的厚度。在市政工程领域中，计算支架高度的问题经常出现。根据计算规则，支架的高度应该从底板到顶板之间的距离计算，不考虑底托以下的垫木、顶托以上的方木或者顶板模板的厚度。

5. 简述事件三中，监理叫停施工的理由。

【参考答案】

顶板钢筋绑扎前，应对模板、支架进行检查和验收，合格后方可施工。

【解析】在结构施工中，顶板的正常施工顺序是先进行支架和模板的安装，然后绑扎钢筋，最后浇筑混凝土。在进行后一项工作的施工之前，必须对前一项工作进行检查和验收。然而，在本案例背景中，支架和模板安装后未进行检查验收就直接进行了后续工作，因此监理决定叫停施工。

案例8 2024年二建B卷案例题四

背景资料

某跨河桥改扩建工程项目，为两幅路形式，双向六车道，包含旧桥拆除、新建桥梁两部分。桥梁总宽30m，桥梁全长35.5m。桥梁下部结构为 $D=1.2m$ 钻孔灌注桩，设计要求灌注前沉渣厚度≤20cm，钢筋混凝土重力式桥台；上部结构为长27.5m预应力钢筋混凝土T梁，现场预制。

本工程合同工期164d，含雨期施工。既有公交线路不能中断，保交通，河道不能断流，保汛期。需进行草袋围堰形成临时道路，如施工平面示意图所示。

施工平面示意图（单位：cm）

本工程施工过程中发生以下事件：

事件一：工程开工前，上级技术主管部门对项目部上报的施组进行审核。审核中发现，施组在绿色施工管理中提到"四节一环保"，内容不全，只有"节地与土地资源利用""节材与材料利用"两项。

事件二：监理工程师检验钻孔灌注桩成孔时发现，实测沉渣厚度超30cm，要求重新清孔处理。

事件三：上级质量管理部门到项目部检查时，提醒项目部受场地影响要特别关注预应力钢筋混凝土T梁预制与安装的时间需统一协调。

事件四：上级安全主管部门现场检查时，发现电焊工未随身携带动火证，现场开出整改通知单。

事件五：施工方案中提到"本工程优先进行桩基施工""导行线筑堰材料可用桩位场地平整富余土方""现状河道可申请临时断流筑堰施工"。

涉及进场后施工顺序及筑堰材料问题，该方案被退回，要求项目部重新制定施工措施。

📖 问题

1. 事件一中，补充"四节一环保"其他内容。

2. 事件二中，监理工程师的要求是否正确？常用的清孔方式除抽浆法、喷射法外还有哪些方法？

3. 事件三中，预应力钢筋混凝土 T 梁在预制完成后，在一般情况和特殊情况下分别允许存放多长时间？

4. 事件四中，申请动火证应如何办理签发手续？

5. 事件五中，根据背景资料要求施工期间交通不能中断，雨期施工河道不能断流，依次答出进场后的施工顺序和雨期施工不断流筑堰所需主要材料。

📄 参考答案及解析

1. 事件一中，补充"四节一环保"其他内容。
【参考答案】
节水与水资源利用，节能与能源利用，施工现场环境保护。
【解析】绿色施工的内容，也是未来市政专业考核的重要方向。后期备考需要注意施工现场环境保护的具体内容。

2. 事件二中，监理工程师的要求是否正确？常用的清孔方式除抽浆法、喷射法外还有哪些方法？
【参考答案】
（1）监理工程师的要求正确。
（2）常用的清孔方式还有换浆法（置换）、掏渣法（清渣、清掏）。
【解析】在施工中，各种施工参数如果设计有要求，必须严格依照设计要求进行；如果设计没有具体要求，则应遵循相关规范的规定。在案例背景中，设计明确规定孔底沉渣厚度不得超过20cm，而项目部施工中孔底沉渣厚度超过了30cm，显然不符合设计要求。

3. 事件三中，预应力钢筋混凝土 T 梁在预制完成后，在一般情况和特殊情况下分别允许存放多长时间？
【参考答案】
预制预应力混凝土 T 梁的存放时间一般情况不宜超过 3 个月，特殊情况不宜超过 5 个月。
【解析】许多考生不理解为何会有此规定，这是因为我们的市政教材未全面展示相关规范。该规定来源于《公路桥涵施工技术规范》JTG/T 3650—2020 第 17.2.7 条，内容如下："3. 构件应按其安装的先后顺序编号存放。预应力混凝土梁、板的存放时间宜不超过 3 个月，特殊情况下应不超过 5 个月；存放时间超过 3 个月时，应对梁、板的上拱度值进行检测，当上拱度值过大将会严重影响后续桥面铺装施工或梁、板混凝土产生严重开裂时，则不得使用。"

预制梁在进行预应力张拉后会产生向上的拱度，这种拱度在张拉后会持续对梁体混凝土施加挤压力，导致随时间推移产生徐变上拱度。徐变上拱度受多种因素影响，包括混凝土的级配、环境湿度、养护方法、预应力大小、张拉龄期、截面尺寸及形式等，其离散性较大。因此，同一种梁的上拱度可能因梁而异，甚至同一桥的相同梁也会存在差异。

因此，针对预应力混凝土梁板的存放时间制定了相应规定。

4. 事件四中，申请动火证应如何办理签发手续？

【参考答案】

具有相应资格的施工人员提出动火申请，项目部安全管理人员收到动火申请后，前往现场查验（检查、核查），确认动火作业的防火措施落实后，再签发动火许可证。

【解析】动火证签发手续属于现场消防管理的重要内容，未来考试需注意与其相关的其他知识，如：动火操作人员应具有相应资格；动火作业前，应对作业现场的可燃物进行清理，无法移走的可燃物应采用不燃材料覆盖或隔离；动火作业应配备灭火器材，并应设置动火监护人进行现场监护；有火灾、爆炸危险的场所严禁明火。

5. 事件五中，根据背景资料要求施工期间交通不能中断，雨期施工河道不能断流，依次答出进场后的施工顺序和雨期施工不断流筑堰所需主要材料。

【参考答案】

（1）施工顺序：应先施工导行线筑堰（围堰），后进行桩基施工。

（2）主要材料：应采用黏性土（黏土）和导流管材（钢管、混凝土管）。

【解析】从图中可以看出，现有公交线路与设计半幅路的桥梁桩基位置重叠。如果先进行桩基施工，将影响公交车的通行。因此，必须优先进行导行线的筑堰施工，待交通导行线路完成后再进行桩基施工。

本工程要求雨期施工时河道保持不断流。在河道筑堰施工过程中，需要使用导流管涵以确保河道的不断流。同时，为了保证堰体的稳定性，需采用不透水的黏性土作为主要材料。

案例 9　2023 年二建案例题一

背景资料

某公司承建一项城市道路改建工程，道路全长 1500m，其中 1000m 为旧路改造路段，500m 为新建填方路段；填方路基两侧采用装配式钢筋混凝土挡土墙，挡土墙基础采用现浇

C30 钢筋混凝土,并通过预埋件、钢筋与预制墙面板连接;基础下设二灰稳定碎石垫层。预制墙面板每块宽 1.98m,高 2~6m,每隔 4m 在板缝间设置一道泄水孔。新建道路路面结构上面层为厚 4cm 改性 SMA-13 沥青混合料,下面层为厚 8cmAC-20 中粒式沥青混合料。旧路改造段路面面层采用在既有水泥混凝土路面上加铺厚 4cm 改性 SMA-13 沥青混合料。新旧路面结构衔接有专项设计方案。新建道路横断面如下图所示。

新建道路横断面示意图

施工过程中发生如下事件:

事件一:项目部编制了挡土墙施工方案,明确了各施工工序,即①预埋件焊接、钢筋连接;②二灰稳定碎石垫层施工;③吊装预制墙面板;④现浇 C30 钢筋混凝土基础;⑤墙面板间灌缝;⑥二次现浇 C30 混凝土。

事件二:项目部在加铺面层前对既有水泥混凝土路面进行综合调查,发现路面整体情况良好,但部分路面面板存在轻微开裂及板下脱空现象,部分检查井有沉陷。项目部拟采用非开挖的形式对脱空部位进行基底处理,并将混凝土面板的接缝清理后,进行沥青面层加铺。

事件三:为保证雨期沥青面层施工质量,项目部制定了雨期施工质量控制措施,即①沥青面层不得在下雨或下层潮湿时施工;②加强施工现场与沥青拌合厂联系,及时关注天气情况,适时调整供料计划。

📖 问题

1. 挡土墙属于哪种结构形式?写出构造 A 的名称及其主要作用。

2. 事件一中,给出预制墙面板的安装条件;写出挡土墙施工工艺流程。(用背景资料中的序号"①~⑥"及"→"作答)

3. 事件二中,路面板基底脱空非开挖式处理最常用的方法是什么?需要通过试验确定哪些参数?

4. 事件二中,在既有水泥混凝土路面上加铺沥青面层前,项目部还需要完成哪些工序?

5. 事件三中,补充雨期面层施工质量控制措施。

参考答案及解析

1. 挡土墙属于哪种结构形式？写出构造 A 的名称及其主要作用。

【参考答案】

（1）挡土墙结构形式为扶壁式。

（2）构造 A 的名称为反滤层（反滤包），其作用是排水并防止墙背填土流失（滤土排水、过滤土体）。

【解析】在道桥施工中，钢筋混凝土挡土墙可以分为现浇式和装配式。在高填方路堤施工中，装配式挡土墙通常采用扶壁式结构。从图中可以清楚地看到挡土墙带有扶壁板，但墙趾板和墙踵板是通过壁板和扶壁板底部预留的钢筋与基础进行二次混凝土浇筑。

图中的构造 A 是挡土墙泄水孔后设置的反滤层，也称为反滤包。其作用是防止土壤进入泄水孔，确保挡土墙后方的排水过程顺利进行。如果泄水孔直径较大，会导致水土流失；而如果泄水孔直径较小，可能会引起泄水孔的堵塞，阻碍挡土墙后方积水的排出。当土壤含水量较高时，会增加土壤对挡土墙的压力，最终导致墙体倾斜。

扶壁式挡土墙

反滤层

2. 事件一中，给出预制墙面板的安装条件；写出挡土墙施工工艺流程。（用背景资料中的序号"①~⑥"及"→"作答）

【参考答案】

（1）预制墙面板安装条件：

① 挡墙基础达到预定强度，预埋件位置正确无遗漏。

② 预制墙面板检验合格。

③ 现场具备吊运条件（安装条件）。

（2）挡墙施工工艺流程为：②→④→③→①→⑥→⑤。

【解析】预制墙面板通常在构件预制厂进行预制，安装前需要进行吊运。因此，首要条件是确保其强度符合设计要求，并对规格、尺寸、预埋件等进行检验。同样，安装挡土墙的混凝土基础也应满足预定的强度要求，并确保预埋件的准确位置，以防遗漏。此外，在进行吊装前，施工现场应满足吊车和构件运输车辆的行驶需求。

3. 事件二中，路面板基底脱空非开挖式处理最常用的方法是什么？需要通过试验确定哪些参数？

【参考答案】

（1）路面板非开挖式基底处理最常用的方法是注浆（灌浆）。

（2）需试验确定的参数为：注浆压力、初凝时间（凝固时间）、注浆流量、浆液扩散半径等。

【解析】本小题考核教材原文内容，属于记忆性的考点。这种知识点未来还有可能以选择题形式出现。

4. 事件二中，在既有水泥混凝土路面上加铺沥青面层前，项目部还需要完成哪些工序？

【参考答案】

（1）将既有水泥混凝土路面层的裂缝清理干净（修补裂缝），并采取防反射裂缝措施（铺设土工格栅、玻璃纤维）。

（2）查明检查井沉陷原因并修缮（加固），为配合沥青面层加铺调整检查井高程。

（3）清理水泥混凝土路面，洒布沥青粘层油。

【解析】案例补充题可分为两类：一类是对教材原文内容的补充，考核频率较低；另一类是需要结合案例背景进行作答，本小问属于后者。

针对加铺面层前的情况，项目部仅对混凝土面板的接缝进行了清理。然而，在案例背景的现场调查中发现混凝土路面面板有轻微开裂。因此，清理或修缮裂缝成为一个需要考虑的采分点。为防止这些裂缝反射到加铺后的沥青面层上，需要在加铺前采取防反射裂缝的措施，如铺设土工格栅、玻璃纤维网等。

案例背景还提到部分检查井存在沉陷。因此，需要查明检查井沉陷的原因，并进行修缮或加固。为确保路面的平整度，检查井的井盖高程应与道路面层高程保持一致。在进行加铺面层之前，需要调整检查井的高程。

另外，根据教材原文内容，加铺面层前的路面清理和洒布粘层油是必要的步骤，也是水泥混凝土路面加铺沥青面层的常识。

5. 事件三中，补充雨期面层施工质量控制措施。

【参考答案】

（1）缩短施工长度、平行作业。

（2）及时摊铺、及时完成碾压。

（3）运输车辆应有防雨措施（覆盖）。

【解析】沥青混凝土雨期施工采分点总结如下：避免在下雨或下层潮湿的情况下施工，密切关注天气情况，与沥青拌合厂联系沟通，缩短施工长度，运料车覆盖防雨，及时摊铺碾压等内容。在作答时可以根据案例背景中已列举的内容进行补充。

近年来，二建市政对道路冬雨期施工考核频次很高，后期应更多关注一些近年未曾考核内容，如沥青混凝土面层的冬期施工、水泥混凝土面层的冬期或高温施工。

案例 10　2023 年二建案例题二

背景资料

某公司承建一座城市桥梁工程，双向四车道，桥面宽度 28m，横断面划分为 2m（人行道）+4m（非机动车道）+16m（车行道）+4m（非机动车道）+2m（人行道）。上部结构采用 3×30m 预制预应力混凝土简支 T 形梁；下部结构采用盖梁及 φ1300mm 圆柱式墩，基础采用 φ1500mm 钢筋混凝土钻孔灌注桩；重力式 U 形桥台。T 形梁预应力体系装配方式如下图所示。

施工过程中发生如下事件：

事件一：施工前，项目部按照设计参数开展预应力材料采购，材料进场后项目部组织相关单位专业技术人员开展现场见证取样和送检。

事件二：T 形梁预制施工时，项目部按照下图进行预应力构件组装；预应力钢绞线采用先穿束后浇筑混凝土的安装方法，混凝土浇筑过程中不定时来回抽动预应力钢绞线；待混凝土强度达到设计要求后进行预应力钢绞线张拉。

T 形梁预应力体系装配示意图

问题

1. 写出示意图中构件 A~E 的名称。

2. 根据示意图，预应力体系属于先张法和后张法体系中的哪一种？

3. 事件一中，参加现场见证取样的单位除了施工单位外还应邀请哪些单位参加？

4. 事件二中，指出混凝土浇筑过程中来回抽动预应力钢绞线的作用。

5. 指出张拉预应力钢绞线时宜采用单端张拉还是两端张拉。

参考答案及解析

1. 写出示意图中构件 A~E 的名称。

【参考答案】

构件 A 的名称：锚具（板、环）。

构件 B 的名称：夹片（具）。

构件 C 的名称：锚垫板（喇叭口）。

构件 D 的名称：螺旋筋。

构件 E 的名称：金属波纹管（预应力管道、孔道、套管）。

【解析】市政专业考试经常涉及对图形中某一部位的命名进行考核。而在案例背景中直接提供图片，并要求考生指出图片中特定部位的名称，这种考核方式可以被视为考试题型的一种突破。不仅如此，在 2023 年的一建建筑专业考试中，也出现了类似的情况。试卷中给出了一张图片，要求考生判断该图片中的混凝土质量是露筋还是孔洞。因此，未来备考时除了要关注常见的图纸，还应有针对性地关注施工图片。

在回答图片特定部位的名称时，考生应遵循冗余原则，思考并列举多种可能的名称或描述方式，以确保答案尽可能地涵盖更多的采分点。

2. 根据示意图，预应力体系属于先张法和后张法体系中的哪一种?

【参考答案】

预应力体系属于后张法体系。

【解析】预应力先张法和后张法是两种预应力混凝土构件的施工方法。

先张法是在混凝土浇筑前进行的预应力张拉。首先，张拉钢束并将其锚固。然后，在张拉的钢束上浇筑混凝土，确保混凝土与钢束之间形成充分的握裹。待混凝土达到设计强度后，进行脱模并释放钢束的预应力。这样，混凝土在预应力的作用下会发生收缩挤压。

后张法是在混凝土构件浇筑完成后进行的预应力张拉。首先，在混凝土构件的孔道中穿过钢束，并在两端设置锚具。待混凝土达到要求的强度后，进行张拉预应力。通过张拉预应力钢束，使其施加压应力于混凝土构件，并通过锚具将预应力传递给混凝土。最后，将孔道填充高强度灌浆材料。

根据案例背景提供的图片，钢束（钢绞线）外设有孔道，属于典型的后张法施工方式。

3. 事件一中，参加现场见证取样的单位除了施工单位外还应邀请哪些单位参加?

【参考答案】

还应邀请供货单位、建设单位、监理单位、检测单位（机构）、质量监督机构（站）。

【解析】材料进场后的检查验收包含一个重要的环节，即现场取样并将样品送到有资质的第三方实验室进行复试。关于见证取样需要邀请哪些单位参加，在教材中并未明确规定。然而，见证取样的目的是将样品送至第三方实验室进行复试，以体现监控主体对自控主体的监督。因此，在评分点中必须明确体现监控主体的角色，即建设单位或监理单位。此外，考虑到检测单位对进场材料进行复试的情况，最好也涵盖供货单位和检测单位，并将质量监督机构纳入考虑范围。

4. 事件二中，指出混凝土浇筑过程中来回抽动预应力钢绞线的作用。

【参考答案】

抽动钢绞线的作用：混凝土浇筑过程中管道可能出现漏浆，避免钢绞线固结（不出现管道堵塞，保持预应力钢绞线处于活动、松弛、不出现卡死状态）。

【解析】后张法预应力有两种安装方式：先穿束后浇混凝土和先浇混凝土后穿束。根据案例背景分析，本工程采用了先穿束后浇筑混凝土的方法，即在混凝土浇筑之前已将钢绞线安装在孔道中。在混凝土浇筑过程中，不可避免地会出现孔道接缝位置的漏浆现象。如果水泥浆渗入孔道并发生凝固，将导致已穿入的钢绞线固结在一起。如果固结现象较为严重，后期进行张拉过程时钢绞线将无法在孔道内自由伸缩。因此，在混凝土浇筑过程中，应反复抽动钢绞线，以防止其被水泥浆固结。

5. 指出张拉预应力钢绞线时宜采用单端张拉还是两端张拉。

【参考答案】

预应力钢绞线宜采用两端张拉。

【解析】在案例背景中有如下信息"某公司承建一座城市桥梁工程，上部结构采用 3×30m 预制预应力混凝土简支 T 形梁"。而曲线预应力筋或长度大于等于 25m 的直线预应力筋，宜在两端张拉；长度小于 25m 的直线预应力筋，可在一端张拉。

案例 11　2023 年二建案例题三

背景资料

某地铁车站沿东西方向布置，中间为标准段，两端为端头井。标准段长 120m，宽 21m，开挖深度 18m，采用明挖法施工。围护结构采用 φ900mm 钻孔灌注桩，间距 1050mm，桩间设 φ650mm 旋喷桩止水，基坑围护桩平面布置如图 1 所示。基坑支护共设 4 道支撑，第 1 道为钢筋混凝土支撑，第 2~4 道为钢支撑，基坑支护断面如图 2 所示。

施工过程中发生如下事件：

事件一：钻孔灌注桩成桩后，经检测发现有 1 根断桩，如图 1 所示。分析认为断桩是由于水下混凝土浇筑过程中导管口脱出混凝土面所致。对此，项目部提出针对性补强措施，经相关方同意后实施。

事件二：针对基坑土方开挖及支护工程，项目部进行了危险源辨识，编制危大工程专项施工方案，履行相关报批手续。基坑开挖前，项目部就危大工程专项施工方案组织了安全技术交底。

事件三：基坑开挖至设计开挖面后，由监理工程师组织基坑验槽，确认合格后及时进行混凝土垫层施工。

图 1　标准段基坑围护桩平面布置示意图（尺寸单位：mm）

图 2　标准段基坑支护断面示意图（尺寸单位：mm）

问题

1. 写出图 2 中构造 A、B 的名称；给出坑外土压力传递的路径。

2. 事件一中，针对断桩事故应采取哪些预防措施？

3. 指出基坑工程施工过程中的最危险工况。

4. 事件二中，危大工程专项施工方案安全技术交底应如何进行？

5. 事件三中，基坑验槽还应邀请哪些单位参加？

参考答案及解析

1. 写出图 2 中构造 A、B 的名称；给出坑外土压力传递的路径。

【参考答案】

（1）构造 A 的名称：冠梁（顶圈梁、锁口梁）。

构造 B 的名称：围檩（腰梁、圈梁）。

（2）土压力传递的路径：土压力→围护桩（或钻孔灌注桩）→围檩（冠梁）→支撑。

【解析】在市政专业的考核题目中，要求考生写出图形中构造 A 或构造 B 的名称时，可以遵循冗余原则。这意味着可以提供多个可能的答案，如本题中的构造 A 可以称为冠梁、顶圈梁或锁口梁，构造 B 可以称为围檩、腰梁或圈梁。

在考试中冗余原则的使用可以发挥以下方面优势：

（1）考虑多个专业术语：市政工程涉及多个领域和专业术语，不同地区或行业标准本来就可能使用不同的术语来描述相同的构造。

（2）考虑多个角度：同一个构造可以从多个角度和视角来描述。通过提供多个可能的名称，可以考虑到不同角度的描述。

（3）提升创造性思维：平时训练冗余答案可以进一步创造性思考，得到从不同的角度思考、多样化的答案。这有助于培养考生的观察和分析能力，以及在实际工作中灵活运用相关知识的能力。

需要注意的是，在使用冗余原则时，需要确保提供的答案尽可能准确和合理。在日常学习中，要明确不同术语的定义和用途，以免混淆。

总而言之，使用冗余原则可以为市政专业的考核提供更灵活和全面的答案选择，考虑到不同的术语和描述，鼓励创造性思维，并培养考生的观察和分析能力。这种方法可以更好地适应多样化的案例背景和出题角度，提高得分率。

土压力传递的路径属于教材原文内容。在考试中，如果前面的小题无法回答出来，可以依据案例背景自行推测土压力的传递路径。例如，在本题中，可以写成土压力传递路径为：土压力→钻孔灌注桩→构造 B、构造 A→钢支撑、钢筋混凝土支撑。可以根据案例的情境和常识进行合理推测，作出这样的回答。

2. 事件一中，针对断桩事故应采取哪些预防措施？

【参考答案】

预防断桩的措施：

（1）准确控制初灌量，确保首次浇筑后管口埋深足够（或管口不脱离混凝土面）。

（2）浇筑过程中严格控制拔管长度，确保管口埋深足够（或管口不脱离混凝土面）。

【解析】根据题目背景分析，断桩问题是由于水下混凝土浇筑过程中导管口脱出混凝土面所致。因此，在整理答案时，可以围绕以下两个方向展开：初灌量不足和导管拔出混凝土面。

质量通病的考核方式包括原因分析、预防办法和处理措施。尽管施工中的许多质量问题的原因分析和预防办法实质上是相同的，只是表述方式不同。教材中介绍了多种质量问题的原因，但在考试中，并非总是要求进行原因分析，而可能更关注预防办法。因此，要合理组织语言和表达形式，使答案更清晰易读。

3. 指出基坑工程施工过程中的最危险工况。

【参考答案】

基坑开挖至设计开挖面；施工设备事故；基坑坍塌；基坑涌水（水淹）；支撑或围护结构失效；基坑变形过大（基坑失稳）。

【解析】工况是指工程或系统在运行过程中所面临的特定情况或状态。它描述了在特定的时间和空间范围内，工程或系统所遭遇的各种外部和内部条件、环境、负荷和要求等。在基坑工程施工过程中，存在一些普遍的危险工况。尽管本题中没有提供具体的案例背景，但我们可以考虑以下几个常见的危险工况：基坑坍塌、涌水、变形过大、失稳、支撑失效和围护结构失效。此外，当基坑开挖至设计开挖面时，这也是一个需要特别关注的时间点。需要注意的是，以上提到的危险工况只是一些可能存在的情况，并非详尽无遗，因此在后续遇到类似的案例题目时，需要根据具体案例背景进行分析和回答。

4. 事件二中，危大工程专项施工方案安全技术交底应如何进行？

【参考答案】

（1）编制人员或者项目技术负责人向施工现场管理人员进行方案交底。

（2）施工现场管理人员向作业人员进行安全技术交底。

（3）双方（或交底人、被交底人）和项目专职安全生产管理人员共同签字确认。

【解析】"两专"属于重要的案例考点。2024版大纲中对专项施工方案交底内容不再提及，但该规定属于《危险性较大的分部分项工程安全管理规定》（由住房城乡建设部令第37号发布，经由住房城乡建设部令第47号修正）重要规定，后期依然可以作为案例考点。

5. 事件三中，基坑验槽还应邀请哪些单位参加？

【参考答案】

基底验收还应邀请建设（业主）单位、勘察单位、设计单位、施工单位（或总包单位）、质量监督部门。

【解析】验槽是二建市政专业考试中的常见考点。在考试中，如果要求列举参加验槽的单位，通常包括勘察、设计、施工、监理和建设单位。然而，如果要求列举邀请单位，可以考虑将质量监督部门也包括在内。这是因为参加单位必须亲自到场，而邀请单位并没有强制要求出席，这两者之间存在一些细微差别。

案例 12   2023 年二建案例题四

背景资料

某公司承建一座钢筋混凝土输水箱涵工程，为两孔结构，单孔结构净宽 8.0m，净高 3.8m，结构顶板、侧墙和中墙厚度均为 700mm，底板厚度 750mm。主体结构混凝土强度等级 C40，抗渗等级 P6。场地地下水属于地表潜水，水位埋深 3.2m，主要含水层为粉土层。基坑与箱涵结构断面如下图所示。

基坑与箱涵结构断面示意图（半幅）

（高程单位：m；尺寸单位：mm）

项目部编制的施工组织设计内容包括：

（1）降水选用φ700mm管井降水方案。

（2）基坑采用放坡开挖，坑壁采用土钉墙支护。

（3）箱涵主体分两步浇筑完成，第一步浇筑底板，第二步浇筑侧墙、中墙和顶板。

（4）经计算，顶模承受的施工总荷载为23.22kN/m²。模板支撑架选用承插型盘扣式钢管支架体系，立杆规格φ48mm×3.5mm，立杆横向间距900mm，纵向间距600mm，步距1500mm。

项目负责人主持编制了危大工程专项施工方案，主要内容包括工程概况、编制依据、施工计划、施工工艺技术、计算书及相关施工图表等。专项施工方案经项目技术负责人审核签字后报送监理单位。

📖 问题

1. 写出示意图中构造 A 的名称，并简述其施工要求。

2. 给出地下水降水时间和水位控制要点。

3. 补充完善危大工程专项施工方案主要内容。

4. 根据背景资料，哪些危大工程专项施工方案需要组织专家论证？说明理由。

5. 指出专项施工方案送审流程的不当之处，并给出正确做法。

📄 参考答案及解析

1. 写出示意图中构造 A 的名称，并简述其施工要求。

【参考答案】

（1）带止水钢板（止水带）的施工缝。

（2）先清除表面浮浆和杂物，然后铺设净浆、涂刷混凝土界面处理剂或水泥基渗透结晶型防水涂料,再铺 30~50mm 厚的与结构混凝土成分相同的水泥砂浆,及时浇筑混凝土。

【解析】 二建市政教材已经将给排水构筑物相关的内容全部删除,对于施工缝要求可参照地铁车站结构的相关内容。

2. 给出地下水降水时间和水位控制要点。

【参考答案】

(1) 降水时间:从基坑开挖前直至结构满足抗浮要求并回填完成(或工程完成)期间。

(2) 水位控制要点:降水必须使水位降至基底(基础垫层)以下 500mm(标高 14.840m 以下)才能进行施工。施工期间降水持续进行,保持干槽作业。

【解析】 题目中询问的降水时间是指施工期间进行降水的起止时间。在开挖前,对需要降水的沟槽或基坑进行降水,以便进行土方开挖支护。在基坑回填过程中,沟槽必须保持干燥,不能有水作业。因此,降水的结束时间应当在回填完成后,并且如果地下结构有抗浮要求,必须确保结构满足抗浮要求时才能结束降水。

水位控制要点这一小问的核心在于"控制",评分点应集中在水位高程(标高)的控制、降水的连续性以及干槽作业等几个方面。

3. 补充完善危大工程专项施工方案主要内容。

【参考答案】

危大工程专项施工方案主要内容应补充:施工安全保证措施、施工管理及作业人员配备和分工、验收要求、应急处置措施。

【解析】 专项方案编制应当包括以下内容。

(1) 工程概况:危大工程概况和特点、施工平面布置、施工要求和技术保证条件。

(2) 编制依据:相关法律、法规、规范性文件、标准、规范及施工图设计文件、施工组织设计等。

(3) 施工计划:包括施工进度计划、材料与设备计划。

(4) 施工工艺技术:技术参数、工艺流程、施工方法、操作要求、检查要求等。

(5) 施工安全保证措施:组织保障措施、技术措施、监测监控措施等。

(6) 施工管理及作业人员配备和分工:施工管理人员、专职安全生产管理人员、特种作业人员、其他作业人员等。

(7) 验收要求:验收标准、验收程序、验收内容、验收人员等。

(8) 应急处置措施。

(9) 计算书及相关施工图纸。

根据案例背景提供的信息,已经包含了工程概况、编制依据、施工计划、施工工艺技术、计算书及相关施工图纸等内容。因此,只需补充施工安全保证措施、施工管理及作业人员配备和分工、验收要求、应急处置措施等四项内容。在回答过程中,不需要在答题卡上展示每个小项中的具体内容,因为这些细节并非本题的评分要点。

4. 根据背景资料,哪些危大工程专项施工方案需要组织专家论证?说明理由。

【参考答案】

(1) 深基坑工程(土方开挖、支护、降水工程)。

理由:按照规定,开挖深度超过5m(含5m)的基坑(槽)的土方开挖、支护、降水工程专项施工方案需要进行专家论证,本工程基坑开挖深度7.2m,大于5m,故需论证。

(2) 混凝土模板支撑(架)工程。

理由:按照规定,施工总荷载15kN/m² 及以上的混凝土模板支撑工程专项施工方案需要进行专家论证,本工程施工总荷载23.22kN/m²,大于15kN/m²,故需论证。

【解析】 基坑的挖掘深度为7.2m。即使在图中没有给出该深度信息,我们仍可通过地面标高22.540m 和设计基底标高15.340m 计算得出。在混凝土模板支撑工程中,箱涵结构的顶板、侧墙和中墙厚度均为700mm。由于混凝土的重度(容重)为25kN/m³,即使案例背景没有提供顶模的承受施工总荷载为23.22kN/m²,仅提供了混凝土的重度(容重),我们仍然可以计算得出该工程的混凝土模板支撑工程需要进行专家论证。对于这种说明理由的题目,往往数字是重要的采分点,规定的基坑深度5m 和施工总荷载15kN/m²,以及本工程计算得出的基坑开挖深度7.2m 和实际施工荷载23.22kN/m² 很可能就是本题的采分点。

5. 指出专项施工方案送审流程的不当之处,并给出正确做法。

【参考答案】

不当之处:由项目技术负责人审核签字后报送监理单位(或未经单位技术负责人审核签字)。

正确做法:专项施工方案应当由施工单位技术负责人审核签字、加盖单位公章后报送监理单位。

【解析】 在二建市政考试中,经常会涉及"两专"编制、审批及论证的组织流程等内容。因此,在备考过程中,除了要熟悉建办质〔2018〕31号文件的附件内容外,还应深入理解教材中关于"两专"其他规定的内容。

案例13 2022年二建案例题一

背景资料

某工程公司承建一座城市跨河桥梁工程。河道宽36m,水深2m,流速较大,两岸平坦开阔。桥梁为三跨(35+50+35)m 预应力混凝土连续箱梁,总长120m。桥梁下部结构为双柱式花瓶墩、埋置式桥台、钻孔灌注桩基础。桥梁立面如下图所示。

桥梁立面示意图

项目部编制了施工组织设计，内容包括：

1. 经方案比选，确定导流方案为：从施工位置的河道上下游设置挡水围堰，将河水明渠导流在桥梁施工区域外，在围堰内施工桥梁下部结构。

2. 上部结构采用模板支架现浇法施工，工艺流程为：支架基础施工→支架满堂搭设→底模安装→A→钢筋绑扎→混凝土浇筑及养护→预应力张拉→模板及支架拆除。

预应力筋为低松弛钢绞线，选用夹片式锚具。项目部拟参照类似工程经验数值确定预应力筋理论伸长值。采用应力值控制张拉，以伸长值进行校核。

项目部根据识别出的危大工程编制了安全专项施工方案，邀请了含本项目技术负责人在内的四位专家对方案内容进行论证。

问题

1. 按桥梁总长或单孔跨径大小分类，该桥梁属于哪种类型？

2. 简述导流方案选择的理由。

3. 写出施工工艺流程中工序 A 名称，简述该工序的目的和作用。

4. 指出项目部拟定预应力施工做法的不妥之处，给出正确做法，并简述伸长值校核的规定。

5. 项目部邀请了含本项目技术负责人在内的四位专家对安全专项方案进行论证的结果是否有效？如无效请写出正确做法。

参考答案及解析

1. 按桥梁总长或单孔跨径大小分类，该桥梁属于哪种类型？

【参考答案】

该桥梁属于大桥。

理由：多孔跨径总长 120m，单孔最大跨径为 50m。

【解析】2019 年一建案例四曾经考核过此知识点，当时案例背景给出的桥梁总长超过1000m，属于特大桥。本知识点还可以以选择题形式进行考核。

按桥梁多孔跨径总长或单孔跨径分类表

桥梁分类	多孔跨径总长 L（m）	单孔跨径 L_0（m）
特大桥	$L > 1000$	$L_0 > 150$
大桥	$1000 \geqslant L \geqslant 100$	$150 \geqslant L_0 \geqslant 40$
中桥	$100 > L > 30$	$40 > L_0 \geqslant 20$
小桥	$30 \geqslant L \geqslant 8$	$20 > L_0 \geqslant 5$

2. 简述导流方案选择的理由。

【参考答案】

（1）导流明渠施工简单，方便、灵活，速度快，造价低，过流能力大。

（2）现场具备导流条件（河道窄、水浅、两岸平坦开阔）。

（3）支架法旱地作业更易保证桥梁施工安全。

【解析】在选择适用的工法时，本工程的场地条件是一个重要的考虑因素。河道宽度为 36m，水深为 2m，两岸平坦开阔，提供了充足的施工场地。然而，场地条件只是选择特定工法的一个因素。另一个选择工法的关键是工法本身的优点。在介绍工法的优点时，可以使用极端描述，例如工期短（施工速度快）、方便灵活、造价低、效果优异等词语。

在河道中进行桥梁施工时，除了明渠导流，还有其他可选的技术措施，如设置水上作业平台、建立围堰或筑岛、埋设导流管涵等。在考核到选择哪种措施时，需要综合考虑现场条件，例如水深、流速、河道宽度、岸边场地，以及造价、工艺难度和安全等因素。

导流明渠

3. 写出施工工艺流程中工序 A 名称，简述该工序的目的和作用。

【参考答案】

（1）工序 A 的名称是支架预压。

（2）目的和作用：检验结构的承载能力和稳定性、消除其非弹性变形、观测结构弹性变形及基础沉降情况。

【解析】支架及其基础预压是市政专业的高频考点。对于支架预压这道工序，既有在箱梁底膜安装前进行的，也有在箱梁底模安装后进行的，本工程属于在箱梁底模安装后进行预压。支架预压的目的是新大纲调改内容，该知识点很可能会经常重复性考核。

4. 指出项目部拟定预应力施工做法的不妥之处，给出正确做法，并简述伸长值校核的规定。

【参考答案】

（1）不妥之处：参照类似工程经验数值确定理论伸长值。

正确做法：张拉前应对孔道的摩阻损失进行实测（实测孔道摩阻损失），以便确定张拉控制应力值，验证预应力筋的理论伸长值。

（2）实际伸长值与理论伸长值的差值符合设计要求。设计无要求时，实际伸长值与理论伸长值差值控制在6%以内。

【解析】本题的第一小问属于送分题。考试中一般遇到施工单位根据经验或习惯的施工做法基本都可以判断为错误。因此，即使无法给出具体做法，先否定错误做法也可以获得部分分数。本题正确做法可以围绕实测和试验展开。

第二小问考核的是钢绞线张拉理论伸长值和实际伸长值之间的差值要求，要求控制在6%以内。需要明确的是，规定的6%是指理论伸长值和实际伸长值之间的差值。例如，如果某段钢绞线的张拉理论伸长值为100mm，则实际伸长值应在94～106mm之间。根据《公路桥涵施工技术规范》JTG/T 3650—2020的规定，理论伸长值与实际伸长值的偏差应控制在±6%以内。在选择题考试中，如果出现±6%的描述，那么该选项是正确的。

5. 项目部邀请了含本项目技术负责人在内的四位专家对安全专项方案进行论证的结果是否有效？如无效请写出正确做法。

【参考答案】

论证结果无效。

正确做法：专家组的成员应由5名以上符合相关专业要求的专家组成，与本工程有利害关系的人员不得以专家身份参加专家论证会。

【解析】本题涉及的"两专"内容相对较简单。需要注意在当前的考试中，"两专"考点的回答必须依据住房城乡建设部令第37号和建办质〔2018〕31号文件的规定。

案例 14　2022 年二建案例题三

背景资料

地铁工程某标段包括A、B两座车站以及两座车站之间的区间隧道（下图）。区间隧道长1500m，设2座联络通道。隧道埋深为1～2倍隧道直径，地层为典型的富水软土，沿线穿越房屋、主干道路及城市管线等。区间隧道采用盾构法施工，联络通道采用冻结加固暗挖施工。本标段由甲公司总承包，施工过程中发生下列事件：

事件一：甲公司将盾构掘进施工（不含材料和设备）分包给乙公司，联络通道冻结加固施工（含材料和设备）分包给丙公司。建设方委托第三方进行施工环境监测。

事件二：在1#联络通道暗挖施工过程中发生局部坍塌事故，导致停工10d，直接经济损失100万元。事发后进行了事故调查，认定局部冻结强度不够是导致事故的直接原因。

事件三：丙公司根据调查报告，并综合分析现场情况后决定采取补打冻结孔、加强冻结等措施，并向甲公司项目部和监理工程师进行了汇报。

地铁工程某标段平面示意图

问题

1. 结合本工程特点简述区间隧道选择盾构法施工的理由。

2. 盾构掘进施工环境监测内容应包括哪些？

3. 事件一中甲公司与乙、丙公司分别签订哪种分包合同？

4. 在事件二所述的事故中，甲公司和丙公司分别承担何种责任？

5. 冻结加固专项施工方案应由哪个公司编制？事件三中恢复冻结加固施工前需履行哪些程序？

参考答案及解析

1. 结合本工程特点简述区间隧道选择盾构法施工的理由。

【参考答案】

（1）盾构在富水软土地层施工更安全。

（2）对建（构）筑物保护有利，环境影响小。

（3）覆土（埋深）满足盾构施工要求且可以长距离作业。

（4）不受天气影响，不影响交通及周围居民，掘进速度快、机械化程度高。

【解析】本小问属于给出一种施工工法，让考生写出采用这种工法的理由的题目，属于当前考试热门题型。回答该题型的思路如下：首先，找到案例背景描述的施工环境的实质性内容［如本题中的盾构覆土深度、富水软土地层以及周边建（构）筑物等］，然后强调该工法比较符合、适合案例背景中的环境。其次，需要强调所采用工法本身的优点（如速度快、精度高等）。

2. 盾构掘进施工环境监测内容应包括哪些？

【参考答案】

包括地表沉降、房屋沉降（房屋倾斜）、管线沉降（管线位移）、道路沉降。

【解析】很多考生在回答本题时，可能会出现审题不清的情况。本小问的问题是"盾构掘进施工环境监测内容"，即需要监测盾构施工过程对周边设施或构筑物造成的影响。根据案例背景资料提供的信息，隧道穿越段为富水软土地层，地面上存在房屋、主干道路及城市管线等设施。因此，在回答本小问时，应根据案例背景资料中提供的建（构）筑物展开监测。具体监测内容可以包括对道路、管线和建筑物的空间变化进行监测，例如沉降、隆起、位移、变形、倾斜或裂缝等。

3. 事件一中甲公司与乙、丙公司分别签订哪种分包合同？

【参考答案】

甲公司与乙公司签订劳务分包合同，甲公司与丙公司签订专业分包合同。

【解析】甲公司将盾构掘进施工（不含材料和设备）分包给乙公司，也就是说，材料和设备由甲公司供应，乙公司只负责输出人员去工作，所以甲公司与乙公司应签订劳务分包合同。联络通道冻结加固施工（含材料和设备）分包给丙公司，也就是说，联络通道冻结加固施工的人、材、机均由丙公司负责，故甲公司与丙公司应签订专业分包合同。

4. 在事件二所述的事故中，甲公司和丙公司分别承担何种责任？

【参考答案】

在事件二的事故中丙公司承担主要责任，甲公司承担连带责任。

【解析】从前一小问得知，丙公司是专业分包，而在《建设工程安全生产管理条例》第二十四条内容如下：建设工程实行施工总承包的，由总承包单位对施工现场的安全生产负总责。总承包单位应当自行完成建设工程主体结构的施工。总承包单位依法将建设工程分包给其他单位的，分包合同中应当明确各自的安全生产方面的权利、义务。总承包单位和分包单位对分包工程的安全生产承担连带责任。分包单位应当服从总承包单位的安全生产管理，分包单位不服从管理导致生产安全事故的，由分包单位承担主要责任。条例规定总承包单位（本工程的甲公司）需要承担的是连带责任，而分包单位（本工程的丙公司）需要承担主要责任。

5. 冻结加固专项施工方案应由哪个公司编制？事件三中恢复冻结加固施工前需履行哪些程序？

【参考答案】

（1）冻结加固专项方案应由丙公司编制。

（2）需履行的程序：

① 方案修改（补充）。

② 对新方案重新组织专家论证并审批。

③ 复工申请。

④ 复工检查。

【解析】丙公司是联络通道冻结法施工的专业分包单位，所以冻结加固的专项方案应该由专业施工单位进行编制。而在暗挖施工过程中因冻结强度不足造成了事故，说明冻结加固专项方案可能存在问题，所以在恢复冻结施工前需要修改补充原方案，应重新组织专家论证并进行审批。此外，在事故发生后导致了停工，所以开工前还应进行复工申请，并对现场及新方案进行检查后再开工。

案例15 2022年二建案例题四

背景资料

某城市供热外网一次线工程，管道为 DN500 钢管，设计供水温度 110℃，回水温度 70℃，工作压力 1.6MPa。沿现况道路敷设段采用 $D2600mm$ 钢筋混凝土管作为套管，泥水平衡机械顶进，套管位于卵石层中，卵石最大粒径 300mm，顶进总长度 421.8m。顶管与现状道路位置关系如图 1 所示。

开工前，项目部组织相关人员进行现场调查，重点是顶管影响范围地下管线的具体位置和运行状况，以便加强对道路、地下管线的巡视和保护，确保施工安全。

项目部编制顶管专项施工方案：在永久检查井处施做工作竖井，制定道路保护和泥浆处理措施。

项目部制定应急预案，现场配备了水泥、砂、注浆设备、钢板等应急材料，保证道路交通安全。

套管顶进完成后，在套管内安装供热管道，断面布置如图 2 所示。

图 1 顶管与道路关系示意图 图 2 供热管道安装断面图

（高程单位：m；尺寸单位：mm）

📖 问题

1. 根据图 2，指出供热管道顶管段属于哪种管沟敷设类型？

2. 顶管临时占路施工需要哪些部门批准？

3. 为满足绿色施工要求，项目部可采取哪些泥浆处理措施？

4. 如出现道路沉陷，项目部可利用现场材料采取哪些应急措施？

5. 指出构件 A 的名称，简述构件 A 安装技术要点。

📑 参考答案及解析

1. 根据图 2，指出供热管道顶管段属于哪种管沟敷设类型？

【参考答案】

供热管道顶管段属于通行管沟。

【解析】 热力管道分为架空敷设、直埋敷设和管沟敷设三种形式，而管沟敷设又分为通行管沟、半通行管沟和不通行管沟三种形式。

拓展知识点：通行管沟净高不小于 1.8m，人行通道宽不小于 0.6m。

2. 顶管临时占路施工需要哪些部门批准？

【参考答案】

顶管施工临时占路，施工前须经道路主管部门（市政工程行政主管部门）和公安交通管理部门批准。

【解析】 占用城市道路需要办理相关手续，这是市政一、二建考试中经常考核的知识点。办理手续的第一个单位是公安交通管理部门，这个没有争议。然而，另外一个办理手续的单位让广大考生感到困惑，不知道是回答道路主管部门还是市政工程行政主管部门。考试按照采分点来评分，题目要求列举哪些单位。因此，在大多数情况下，我们可以将公安交通管理部门、道路主管部门和市政工程行政主管部门都列出来，这样能够提高回答的准确性和得分率。

3. 为满足绿色施工要求，项目部可采取哪些泥浆处理措施？

【参考答案】

为满足绿色施工要求，项目部可采用现场装配式泥砂分离（沉淀）、泥水分离（泥浆分离）、泥浆脱水预处理设施，进行泥浆循环利用。

【解析】 本工程采用泥水平衡机械顶管法施工，其原理类似于泥水平衡盾构施工，是一种以全断面切削土体，以泥水压力来平衡土压力和地下水压力，又以泥水作为输送弃土介质的机械自动化顶管施工法。泥浆的作用与钻孔灌注桩、水平定向钻有相通的地方。泥浆输送介质形成的混合物需要先将砂土等与泥浆进行分离，分离出来的渣土进行脱水后外运，泥浆进行重复利用。

4. 如出现道路沉陷，项目部可利用现场材料采取哪些应急措施？

【参考答案】

当出现道路局部沉陷时，项目部立即启动应急预案，通知相关管理部门，应在沉陷部位临时封闭道路、暂时停工、满铺钢板，保证道路畅通；对路基空洞、松散部位可进一步采用砂石料回填、注浆加固措施。

【解析】本小问需要结合案例背景作答。案例背景资料中介绍项目部配备了水泥、砂、注浆设备和钢板等应急材料，那么出现问题时，就需要将这些材料全部派上用场。另外，从管理角度将暂停施工、封闭道路、启动应急预案也要有所体现。

5. 指出构件 A 的名称，简述构件 A 安装技术要点。

【参考答案】

（1）构件 A：滑动支架（滑动支托、滑动支座、滑靴）。

（2）安装技术要点：支架接触面应平整、光滑；不得有歪斜及卡涩现象，支架应与管道焊接牢固，不得有漏焊（欠焊、咬肉或裂纹）等缺陷。

【解析】这种写出图中某一部位名称，简述其作用、施工要求或安装要点的题目是当下考试热门考点。如果不能准确描述其名称，那么不妨利用考试规则多写几个。对于施工要求或安装要点也有技巧，可以先夸后贬，夸就是平整、直顺、光滑、牢固，而贬就是不得或不能有歪斜、卡涩、移位、漏焊、裂纹等缺陷。

热力滑动支架

案例16 2021年二建案例题一

背景资料

某公司承建一座城郊跨线桥工程，双向四车道，桥面宽度30m，横断面路幅划分为2m（人行道）+5m（非机动车道）+16m（车行道）+5m（非机动车道）+2m（人行道）。上部结构为5×20m预制预应力混凝土简支空心板梁；下部结构为构造 A 及 φ130cm 圆柱式墩，

基础采用 $\phi150cm$ 钢筋混凝土钻孔灌注桩;重力式 U 形桥台;桥面铺装结构层包括厚 10cm 沥青混凝土、构造 B、防水层。桥梁立面如下图所示。

桥梁立面示意图(尺寸单位:cm)

项目部编制的施工组织设计明确如下事项:

(1) 桥梁的主要施工工序编号为:①桩基;②支座垫石;③墩台;④安装空心板梁;⑤构造 A;⑥防水层;⑦现浇构造 B;⑧安装支座;⑨现浇湿接缝;⑩摊铺沥青混凝土及其他。施工工艺流程为:①桩基→③墩台→⑤构造 A→②支座垫石→⑧安装支座→④安装空心板梁→C→D→E→⑩摊铺沥青混凝土及其他。

(2) 公司具备梁板施工安装的技术且拥有汽车起重机、门式吊梁车、跨墩龙门吊、穿巷式架桥机、浮吊、梁体顶推等设备。经方案比选,确定采用汽车起重机安装。

(3) 空心板梁安装前,对支座垫石进行检查验收。

📖 问题

1. 写出示意图中构造 A、B 的名称。
2. 写出施工工艺流程中 C、D、E 的名称或工序编号。
3. 依据公司现有设备,除了采用汽车起重机安装空心板梁外,还可采用哪些设备?
4. 指出项目部选择汽车起重机安装空心板梁考虑的优点。
5. 写出支座垫石验收的质量检验主控项目。

📄 参考答案及解析

1. 写出示意图中构造 A、B 的名称。

【参考答案】

构造 A 的名称:盖梁(或帽梁)。

构造 B 的名称:混凝土整平层(找平层)。

【解析】本小问属于市政专业考试的主流题型之一,即在试卷上给出一个图形,要求考生写出图形某一部位的名称。这种题目可以稍增加难度，变成写出所给图形局部名称，简述其作用或施工要求。

盖梁指的是为支承、分布和传递上部结构的荷载，在排桩或墩顶部设置的横梁（多为钢筋混凝土结构），又称帽梁。有桥桩直接连接盖梁的，也有桥桩接立柱后再连接盖梁的。

整平层又称找平层，也称调平层，一般是指在桥面防水下面浇筑的一层8~10cm的钢筋混凝土。整平层也是桥面防水的基层。

桥梁盖梁

桥面找平层

2. 写出施工工艺流程中 C、D、E 的名称或工序编号。
【参考答案】
施工工序 C 的名称：⑨现浇湿接缝。
施工工序 D 的名称：⑦混凝土整平层（混凝土找平层、现浇构造 B）。
施工工序 E 的名称：⑥防水层。

【解析】本小问属于按照施工顺序将工序对号入座的考点，属于当前市政考试热门考点之一。本题待选的工序有 3 个：⑥防水层、⑦现浇构造 B 和⑨现浇湿接缝。在案例背景描述中有"桥面铺装结构层包括厚10cm沥青混凝土、构造 B、防水层"，现浇湿接缝施工是在桥面铺装层之前，也就是说，现浇湿接缝一定在防水层和构造 B 这两个工序之前，所以 C 工序为⑨现浇湿接缝，在第一小问中已经分析出现浇构造 B 这个工序为整平层（找平层），整平层也是桥面防水层的基层，所以⑦现浇构造 B 在防水层之前。

3. 依据公司现有设备，除了采用汽车起重机安装空心板梁外，还可采用哪些设备？
【参考答案】
安装空心板梁还可采用的设备：门式吊梁车、跨墩龙门吊、穿巷式架桥机。

【解析】本题背景资料中给出的 6 个吊装设备中，浮吊是用于河道或海洋桥梁施工；梁体顶推设备施工烦琐，一般用于不具备常规吊装的场地采用，而本工程中现场有施工便道，并且空心板总体质量不大，不适合顶推设备。

一般情况下，建造师考试主观题（案例分析题）给分遵循的一个原则是多答不扣分，所以在控制篇幅的情况下，答题时可以尽量多罗列采分点以获取更多的分数。不过凡事都有例外，例如本小问就相当于一个多选题，只不过是以案例题的形式展现出来，这类题目绝不能多选，没有把握的答案切记不可写出来。

4. 指出项目部选择汽车起重机安装空心板梁考虑的优点。

【参考答案】

（1）施工方便（灵活），操作简便，速度快，造价低（节省造价），可实时吊装。

（2）本工程中空心板自重小、用量少，且可充分利用施工便道。

【解析】本小问要求指出采用汽车起重机安装空心板考虑的优点，既然考虑的是优点，那么一定是围绕着方便、灵活、快速、节省造价（降低造价）、利用已有设施（现有施工便道）这些角度来罗列采分点。从本题中我们也可以得到一个启示，就是不能放过案例背景资料图形中的任何细节。例如本题图形中，命题人在桥梁两侧给出施工便道的图示，显然是为了吊装这个考点准备的。

5. 写出支座垫石验收的质量检验主控项目。

【参考答案】

支座垫石验收的质量检验主控项目：顶面高程、平整度、坡度、坡向、位置、混凝土强度。

【解析】按照规范，支座垫石的主控项目只有"顶面高程、平整度、坡度、坡向"这几项，不过在规范和教材中也有关于支座施工的一般规定："墩台帽、盖梁上的支座垫石和挡块宜二次浇筑，确保其高程和位置的准确。垫石混凝土的强度必须符合设计要求。"而很多工法的主控项目都会有测量方向的内容，且测量中高程、位置又几乎是不可分割的两个方向，所以在作答时，完全也可以将"位置"作为一个采分点写出来。同理，既然垫石是现浇混凝土，那么在写主控项目时，很可能先想到的就是混凝土强度。

另外，本题是要求考生写主控项目，属于开口题，不会因为多写而被倒扣分，所以在考场中遇到这些比较纠结的内容时，可以放心地展示在答题卡上。

案例 17　2021 年二建案例题二

某公司承建一污水处理厂扩建工程，新建 AAO 生物反应池等污水处理设施，采用综合箱体结构形式，基础埋深为 5.5~9.7m，采用明挖法施工，基坑围护结构采用 φ800mm 钢筋混凝土灌注桩，止水帷幕采用 φ600mm 高压旋喷桩。基坑围护结构与箱体结构位置立面如下图所示。

基坑围护结构与箱体结构位置立面示意图

（高程单位：m；尺寸单位：mm）

施工合同专用条款约定如下：主要材料市场价格浮动在基准价格±5％以内（含）不予调整，超过±5％时对超出部分按月进行调整；主要材料价格以当地造价行政主管部门发布的信息价格为准。

施工过程中发生如下事件：

事件一：施工期间，建设单位委托具有相应资质的监测单位对基坑施工进行第三方监测，并及时向监理等参建单位提交监测成果。当开挖至坑底高程时，监测结果显示，局部地表沉降测点数据变化超过规定值。项目部及时启动稳定坑底应急措施。

事件二：项目部根据当地造价行政主管部门发布的3月份材料信息价格和当月部分工程材料用量，申报当月材料价格调整差价。3月份部分工程材料用量及材料信息价格见下表。

3月份部分工程材料用量及材料信息价格表

材料名称	单位	工程材料用量	基准价格（元）	材料信息价格（元）
钢材	t	1000	4600	4200
商品混凝土	m³	5000	500	580
木材	m³	1200	1590	1630

事件三：为加快施工进度，项目部增加劳务人员。施工过程中，一名新进场的模板工发生高处坠亡事故。当地安全生产行政主管部门的事故调查结果显示，这名模板工上岗前未进行安全培训，违反作业操作规程；被认定为安全责任事故。根据相关法规，对有关单位和个人作出处罚决定。

问题

1. 写出示意图中构造 A、B、C 的名称。
2. 事件一中，项目部可采用哪些应急措施？
3. 事件一中，第三方监测单位应提交哪些成果？
4. 事件二中，列式计算表中工程材料价格调整总额。
5. 依据有关法规，写出安全事故划分等级及事件三中安全事故等级。

参考答案及解析

1. 写出示意图中构造 A、B、C 的名称。

【参考答案】

构造 A 的名称：冠梁（或顶圈梁、锁口梁）。

构造 B 的名称：排水沟（或截水沟）。

构造 C 的名称：锚杆（或锚索）。

【解析】 当排桩用作围护结构时，需要设置一条横向的梁将排桩连接在一起，这有利于整体受力，并将支撑力均匀传递给围护结构。位于排桩顶部且与排桩竖向投影重合的梁被称为冠梁，排桩中部呈外挂形式的梁称为腰梁。冠梁也被称为顶圈梁或锁口梁，腰梁统称为围檩或圈梁。作答时，最好将这些相同意义的不同名称都写在答题卡上，这样会增加获取采分点的机会。此外，基坑顶部需要设置防止地表水进入的设施，根据图形很容易回答出来 B 是截水沟或排水沟。在本案例中，排桩围护结构没有设置内支撑，而是采用外拉锚形式。图中所示的结构可以是锚杆或锚索。

本小题考核的是写出图形局部名称，这是当前图形案例中的主流题型。在学习这类案例时，可以深入挖掘题目的考点，并尽量将考点进行延伸，例如本题中 A、B、C 在图中的作用或施工要求。

2. 事件一中，项目部可采用哪些应急措施？

【参考答案】

可采取的应急措施：坑底土体加固，坑内井点降水，及时施作底板结构等措施。

【解析】 本题案例背景描述情况为"当开挖至坑底高程时，监测结果显示，局部地表沉降测点数据变化超过规定值。项目部及时启动稳定坑底应急措施"。问题是要求写出项目部对此应采取的措施。由于此时已经开挖至坑底，无法再对围护结构入土深度增加，只能采取对坑底土体加固、坑内井点降水和适时施作底板几项措施。

3. 事件一中，第三方监测单位应提交哪些成果？

【参考答案】

应提交的监测成果：监测日报、警情快报（或预警）、阶段（月、季、年）性报告、总结报告。

【解析】测量分为施工测量和施工监测。二建市政专业比较喜欢考核施工监测，考核内容多为教材原文，后期备考中对施工监测的相关规定应给予足够重视。

4. 事件二中，列式计算表中工程材料价格调整总额。

【参考答案】

（1）钢材：（4200-4600）/4600×100%＝-8.70%<-5%，应调整价差。

应调减价差：［4600×（1-5%）-4200］×1000＝170000元。

（2）商品混凝土：（580-500）/500×100%＝16%>5%，应调整价差。

应调增价差：［580-500×（1+5%）］×5000＝275000元。

（3）木材：（1630-1590）/1590×100%＝2.52%<5%，不调整价差。

（4）合计：3月份部分材料价格调整总额275000-170000＝105000元。

【解析】本小问属于依据信息价调整价差的题目，2011年一建曾经考核过。对于这类题目可以按照以下方法作答：用信息价减去基准价的差值除以基准价再乘以100%，如果得出的是负值就去与-5%（案例规定的基数）比小，小于基数进行调减；如果得出的是正数，就与5%（案例规定的基数）比大，大于基数进行调增。确定调减时，用基准价的0.95（1-案例规定的基数）倍去减信息价，差值乘以工程量，即可得出调减价差；确定是调增时，用信息价减基准价的1.05（1+案例规定的基数）倍，差值乘以工程量，即调增价差。

5. 依据有关法规，写出安全事故划分等级及事件三中安全事故等级。

【参考答案】

（1）安全事故划分为：特别重大安全事故、重大安全事故、较大安全事故、一般安全事故。

（2）本工程属于一般安全事故。

【解析】根据《生产安全事故报告和调查处理条例》，对安全事故划分为特别重大安全事故、重大安全事故、较大安全事故、一般安全事故。虽然专业实务教材中没有内容介绍，但是在法规和管理的公共课中均有该知识点。建造师建筑和机电等专业对该知识点进行考核，但考核内容通常相对简单，也没有争议点。因此，考生只需要记住条例规定的人员伤亡和财产损失的标准即可应对考试。

以下内容是《生产安全事故报告和调查处理条例》关于事故等级划分要求。

第三条 根据生产安全事故（以下简称事故）造成的人员伤亡或者直接经济损失，事故一般分为以下等级：

（一）特别重大事故，是指造成30人以上死亡，或者100人以上重伤（包括急性工业中毒，下同），或者1亿元以上直接经济损失的事故。

（二）重大事故，是指造成10人以上30人以下死亡，或者50人以上100人以下重伤，或者5000万元以上1亿元以下直接经济损失的事故。

（三）较大事故，是指造成3人以上10人以下死亡，或者10人以上50人以下重伤，或者1000万元以上5000万元以下直接经济损失的事故。

（四）一般事故，是指造成3人以下死亡，或者10人以下重伤，或者1000万元以下直接经济损失的事故。

国务院安全生产监督管理部门可以会同国务院有关部门，制定事故等级划分的补充规定。

本条所称的"以上"包括本数，所称的"以下"不包括本数。

案例18　2021年二建案例题四

背景资料

某公司承建沿海某开发区路网综合市政工程，道路等级为城市次干路，沥青混凝土路面结构，总长度约10km。随路敷设雨水、污水、给水、通信和电力等管线，其中污水管道为HDPE缠绕结构壁B型管（以下简称HDPE管），承插—电熔接口，开槽施工，拉森钢板桩支护，流水作业方式。污水管道沟槽与支护结构断面如下图所示。

污水管道沟槽与支护结构断面图（高程单位：m；尺寸单位：mm）

施工过程中发生如下事件：

事件一：HDPE 管进场，项目部有关人员收集、核验管道产品质量证明文件、合格证等技术资料，抽样检查管道外观和规格尺寸。

事件二：开工前，项目部编制污水管道沟槽专项施工方案，确定开挖方法、支护结构安装和拆除等措施，经专家论证、审批通过后实施。

事件三：为保证沟槽填土质量，项目部采用对称回填、分层压实、每层检测等措施，以保证压实度达到设计要求，且控制管道径向变形率不超过 3%。

📖 问题

1. 根据断面图列式计算地下水埋深 h（单位为 m），指出可采用的地下水控制方法。
2. 事件一中的 HDPE 管进场验收存在哪些问题？给出正确做法。
3. 结合工程地质情况，写出沟槽开挖应遵循的原则。
4. 从受力体系转换角度，简述沟槽支护结构拆除作业要点。
5. 根据事件三叙述，给出污水管道变形率控制措施和检测方法。

📑 参考答案及解析

1. 根据断面图列式计算地下水埋深 h（单位为 m），指出可采用的地下水控制方法。

【参考答案】

（1）地下水埋深：$h = 3.530 - 0.530 = 3.000$m。

（2）可采用的地下水控制方法：井点降水（真空井点、管井）辅以集水明排。

【解析】本小问关于地下水埋深计算本质上是考核识图，只要知道图中地下水水头的标志，并且清楚地下水埋深就是现况地面到地下水水头之间的距离，那么本题就没有任何难度。

本案例中地下水控制方法也需要结合图形给出的相关条件，例如图中画出了排水沟，所以答案中除了井点降水以外还要考虑集水明排。本题严格来说采用真空井点是不妥的，因为沟槽挖深已经达到 6.5m，降水降至槽底以下 0.5m，那么降水深度达到 7m。如果采用真空井点也必须采用多级井点，但是本工程采用的是钢板桩围护结构，并非放坡开挖，多级井点不能实现，所以应该用管井更为合理。只不过从考试采分点规则考虑，本题还是写成上述答案的形式更加合理。

2. 事件一中的 HDPE 管进场验收存在哪些问题？给出正确做法。

【参考答案】

（1）管件外观质量检验方法不正确。

正确做法：对进入现场的管件逐根进行检验；管件不得有影响结构安全、使用功能和接口连接的质量缺陷，内外壁光滑，无气泡、无裂纹。

（2）缺少检验项目（或检验项目不全）。

正确做法：对 HDPE 管件取样进行环刚度复试，管件环刚度应满足设计要求。

【解析】材料进场检验遵循"看、检、验（看外观、检查证书、见证取样做复试）"这三个环节。案例背景中只是介绍了"看"和"检"两个环节，但是"验"的环节没有写出来，HDPE管道属于柔性管道，而柔性管道最主要的技术指标就是环刚度试验，所以需要补充对HDPE管进行环刚度的复试。本题看外观的内容写的是抽检，从考试答题技巧也不难得出逐根（全部）检验的这个采分点。

3. 结合工程地质情况，写出沟槽开挖应遵循的原则。

【参考答案】

应遵循的原则：

（1）遵循分段、分层（或分步）、均衡对称开挖原则。

（2）降水至基底以下0.5m后，由上而下、先支撑后开挖。

（3）基底预留200~300mm土层人工清理。

【解析】本小问内容比较综合，在回答时一定要结合案例背景中涉及的地下水、支撑、人工清理基底等内容，例如本案例背景资料中有地下水，就需要有降水之后进行开挖的文字。

4. 从受力体系转换角度，简述沟槽支护结构拆除作业要点。

【参考答案】

（1）应配合回填施工拆除。

（2）每层横撑应在填土高度达到支撑底面时拆除。

（3）先拆除支撑再拆除围檩、槽钢支架，全部支撑围檩拆除后再拔钢板桩。

（4）板桩拔除后及时回填桩孔。

【解析】围护结构拆除与回填、开挖支撑是逆向操作，只要掌握了支撑开挖的核心知识，那么回填拆除就可以清晰地写出来。开挖支撑的核心是先撑后挖，那么围护结构拆除与回填的核心就是回填与拆除交替进行。最后需要注意本案例采用的是钢板桩，那么在钢板桩拔除后要及时对桩孔进行回填。

5. 根据事件三叙述，给出污水管道变形率控制措施和检测方法。

【参考答案】

（1）控制措施：在管道内设置竖向支撑、胸腔填土时形成竖向反向变形、按现场试验取得的施工参数回填压实。

（2）检测方法：可采用钢尺量测、圆度测试板、圆形芯轴仪、闭路电视等方法。

【解析】对于直径大于800mm的柔性管道控制变形措施是在管道内加竖向支撑，但是如果管道直径小于800mm的情况下，不能在管道内部加竖向支撑，那么可在管道两侧回填土的时候进行对称压实，使管道形成竖向反变形，后期回填管顶上部土方时，下压的土方会使管道变形恢复。

对于管道变形的检测方法，方便时用钢尺直接量测，不方便时用圆度测试板或芯轴仪在管内拖拉量测管道变形值。

该题目属于教材延伸知识点，也是当前市政考试形式之一。

案例 19 2021 年（5 月 23 日）二建案例题一

背景资料

某公司承建南方一主干路工程，道路全长 2.2km，地勘报告揭示 K1+500～K1+650 处有一暗塘，其他路段为杂填土，暗塘位置如图 1 所示。设计单位在暗塘范围采用双轴水泥土搅拌桩加固的方式对机动车道路基进行复合路基处理，其他部分采用改良换填的方式进行处理，路基横断面如图 2 所示。

图 1 暗塘位置平面示意图

图 2 暗塘区路基横断面示意图

为保证杆线落地安全处置，设计单位在暗塘左侧人行道下方布设现浇钢筋混凝土盖板管沟，将既有低压电力、通信线缆敷设沟内，盖板管沟断面如图 3 所示。

图3　盖板管沟断面示意图（单位：mm）

针对改良换填路段，项目部在全线施工展开之前做了 100m 的标准试验段，以便选择压实机具、压实方式等。

问题

1. 写出水泥土搅拌桩复合路基的施工质量检测方法。
2. 写出水泥土搅拌桩的优点。
3. 写出示意图 3 中涂料层及水泥砂浆层的作用，补齐底板厚度 A 和盖板宽度 B 的尺寸。
4. 补充标准试验段需要确定的技术参数。

参考答案及解析

1. 写出水泥土搅拌桩复合路基的施工质量检测方法。

【参考答案】

在成桩 3d 内，采用轻型动力触探检查上部桩身的均匀性；在成桩 7d 后，采用浅部开挖桩头进行检查，检查搅拌的均匀性，量测成桩的直径。

【解析】水泥土搅拌法还可以加工成重力式水泥土挡墙，当作为重力式水泥土墙时，应用开挖方法检查搭接宽度和位置偏差，并采用钻芯法检查水泥土搅拌桩的单轴抗压强度、完整性和深度。

2. 写出水泥土搅拌桩的优点。

【参考答案】

（1）最大限度地利用了原土、造价低。

（2）无污染、无振动、噪声小，对地下管沟影响很小。

（3）根据现场需要，可灵活地采用柱状、壁状、格栅状和块状等加固形式。

（4）施工速度快、加固效果好。

【解析】水泥土搅拌桩地基加固的优点在教材中没有相关介绍，不过这种题目完全可以通过分析获取采分点。既然是优点，那么施工速度一定是"快"，造价一定是"低"，现场条件一定可以"充分利用"，效果一定要"好"。本题答案可以作为某材料、机械、工艺等优点的答题模板。

3. 写出示意图 3 中涂料层及水泥砂浆层的作用，补齐底板厚度 A 和盖板宽度 B 的尺寸。

【参考答案】

（1）涂料层作用：防水，阻止水进入管沟。

（2）水泥砂浆层作用：对防水层的保护作用，防止回填过程对防水层造成破坏。

（3）底板厚度 $A = 1500 - 1100 - 200 = 200$mm。

（4）盖板宽度 $B = 1700 + 250 \times 2 - 125 \times 2 - 10 \times 2 = 1930$mm。

或：盖板宽度 $B = 2500 - 150 \times 2 - 125 \times 2 - 10 \times 2 = 1930$mm。

【解析】本小题分为两部分，一部分是描述图中某一部位的作用，这类题目属于当前的主流考点，本小题考核的是防水及防水的保护层。图上是防水砂浆，当然也可以将图中的20mm 水泥砂浆变成砌筑的砖墙，其作用不变。另一部分是依据图中数字进行计算，本题中的计算相对简单，没有太大难度，考核识图的基本功。

4. 补充标准试验段需要确定的技术参数。

【参考答案】

预沉量值、压实遍数、虚铺厚度。

【解析】市政工程中很多工艺都需要进行试验段，目的是确定施工参数，本知识点在二建考试中曾多次涉及。很多工程都需要做试验段，其作用也是为了确定施工参数，在后面备考中，考生不妨自己归纳一些施工过程中的试验段参数，例如浇筑混凝土道路试验段、沥青混凝土面层试验段、沟槽开挖试验段等参数。

案例 20　2021 年（5 月 23 日）二建案例题二

背景资料

某公司承接了某市高架桥工程，桥幅宽25m，共 14 跨，跨径为 16m，为双向六车道，上部结构为预应力空心板梁，半幅桥断面如下图所示，合同约定 4 月 1 日开工，国庆节通车，工期 6 个月。

半幅桥断面示意图（单位：mm）

其中，预制梁场（包括底模）建设需要 1 个月，预应力空心板梁预制（含移梁）需要 4 个月，制梁期间正值高温，后续工程施工需要 1 个月。每片空心板梁预制只有 7d 时间，项目部制定的空心板梁施工工艺流程依次为：钢筋安装→C→模板安装→钢绞线穿束→D→养护→拆除边模→E→压浆→F→移梁让出底模。项目部采购了一批钢绞线共计 80t，进行钢绞线伸长值测定时，其中一盘不符合要求。项目部按要求从同一批未经检验的钢绞线卷中取双倍数量的试样进行该不合格项目的复验，复验结果均合格，项目部认定该批钢绞线合格，整批钢绞线予以交货。

问题

1. 写出示意图桥面铺装层中 A、B 的名称。

2. 写出图中桥梁支座的作用，以及支座的名称。

3. 列式计算预应力空心板梁加工至少需要的模板数量。（每月按 30d 计算）

4. 补齐项目部制定的预应力空心板梁施工工艺流程，写出 C、D、E、F 的工序名称。

5. 项目部对钢绞线检验做法是否正确，说明理由。

参考答案及解析

1. 写出示意图桥面铺装层中 A、B 的名称。

【参考答案】

A：沥青混凝土面层或水泥混凝土面层。

B：整平层（找平层）。

【解析】本小问考核图形局部名称，题目难度系数并不高。从常识上也可以分析出来桥梁防水层上面的 A 为沥青混凝土面层或水泥混凝土面层。本题背景中并未介绍桥面系铺装层为沥青混凝土还是水泥混凝土，不过常规情况下的桥面铺装多为沥青混凝土。防水层下面的 B 没有什么争议，就是装配式梁的找平层或整平层。

2. 写出图中桥梁支座的作用，以及支座的名称。

【参考答案】

（1）支座的作用：将桥梁上部结构承受的荷载和变形（位移和转角）可靠地传递给桥梁下部结构，是桥梁的重要传力装置，并具备减震和抗震能力。

（2）支座名称：板式橡胶支座（固定支座）。

【解析】本题中支座的作用为教材原文内容，题目答案稍有拓展。教材中内容重复考核间隔的年份一般也就是 3~4 年，所以对于教材中一些知识点考核过 3~4 年之后，一定要注意是否会进行重复考核。本题图形和背景都已经明确桥跨结构为空心板，一般情况下每一片空心板需要设置四个支座，且为固定支座即板式橡胶支座。

3. 列式计算预应力空心板梁加工至少需要的模板数量。（每月按 30d 计算）

【参考答案】

空心板总数：（12×2）×14＝336 片。

空心板预制时间：4×30＝120d。

每片需要预制 7d，120÷7＝17.14≈17 次，即 120d 模板只能周转 17 次。

模板数量：336÷17＝19.76≈20 套，即至少需要模板 20 套。

【解析】在计算资源周转问题时，需要先计算题目中的关键要素。对于本题中的空心板情况，总数量为（12×2）×14＝336 片，预制总工期为 4×30＝120d，每次预制空心板所需时间为 7d。因此，本工程需要进行预制空心板的次数为 120÷7＝17.14≈17 次，即 17 次。模板的需求量为 336÷17＝19.76≈20 套，即 20 套。

虽然这个问题看似简单，但很多考生作答时常常会出现逻辑错误。例如，有些考生会采用以下方式计算：336÷（120÷7），或者（336×7）÷120，计算结果为 19.6，也是至少需要 20 套模板。但是，这种算法存在问题。

让我们用这种错误的算法来更换一下参数，假设每片梁的预制时间为 11d。如果按照同样的方法计算，（336×11）÷120＝30.8≈31 套，即需要 31 套模板。反向验证一下：120÷11＝10.9≈10 次，即模板的周转次数为 10 次。然而，使用 31 套模板进行 10 次周转，只能完成 310 片梁（31×10＝310 片），远远少于 336 片。

如果按照正确的方法进行计算：首先计算预制梁需要的周转次数，120÷11＝10.9≈10 次，即可以进行 10 次周转；接下来计算模板的需求量，336÷10＝33.6≈34 套，即需要 34 套模板。由此可以看出，这种资源周转问题不能采用综合计算。因为在这里，周转次数的计算结果，只要有小数，小数点之后的数值无论大小都会进行"舍"处理；而最终模板的数量计算结果，只要有小数，小数点之后的数值无论大小都会进行"入"处理。综合计算会导致第一步计算的小数部分没有被舍去，从而引发累计误差，这也是实际操作和纯数学计算之间的区别。

4. 补齐项目部制定的预应力空心板梁施工工艺流程，写出 C、D、E、F 的工序名称。

【参考答案】

工序 C 为预应力孔道安装；工序 D 为混凝土浇筑；工序 E 为预应力张拉；工序 F 为封锚。

【解析】 在预制预应力梁板的施工过程中，存在先张法和后张法两种方法。后张法是指在混凝土构件浇筑完成后进行的预应力张拉。具体操作为：在混凝土构件的孔道中穿过钢束，待混凝土达到所需强度后，进行预应力张拉，张拉完成后在两端进行锚固，并进行压浆和封锚处理。

根据本案例的背景资料，空心板梁的施工工艺流程顺序如下：钢筋安装→C→模板安装→钢绞线穿束→D→养护→拆除边模→E→压浆→F→移梁让出底模。通过流程中的"钢绞线穿束"及"压浆"两个工序，可以确定本工程采用的预应力张拉方式为后张法。在后张法预应力操作中，钢绞线必须穿入预应力孔道中，所以在钢绞线穿束之前的工序 C 是预应力孔道安装。在混凝土构件浇筑完成后，只有混凝土需要养护，因此养护工序之前的工序 D 是混凝土浇筑。按照后张法的施工顺序，应该是先张拉后压浆作业，所以工序 E 是预应力张拉，而压浆之后的工序 F 则是封锚工作。

5. 项目部对钢绞线检验做法是否正确，说明理由。

【参考答案】

项目部做法不正确。

理由：还应对首次检验出现的不合格卷取双倍试样进行该不合格项的复验，如果复验结果均合格，则可随该批次钢绞线交货；如果有一个试样不合格，则该卷钢绞线不应交货。

【解析】 该内容属于教材调改内容。材料的检查与验收也属于当前的高频考点，备考中对于各种材料的存储、验收均应引起重视。

案例 21 2021 年（5 月 23 日）二建案例题三

背景资料

某公司承建一项目地铁车站土建工程，车站长 236m，标准宽度 19.6m，深度 16.2m，地下水位标高为 12.5m。车站为地下 2 层三跨岛式结构，采用明挖法施工。围护结构为地下连续墙，内支撑第一道为钢筋混凝土支撑，其余为 φ800mm 钢管支撑，基坑内设管井降水，车站围护结构及支撑断面示意图如图1所示。

图 1 车站围护结构及支撑断面示意图（单位：mm）

项目部为加强施工过程变形监测，结合车站基本风险等级（基坑自身风险等级为二级）编制了监测方案，其中监测项目包括地连墙顶面的水平位移和竖向位移。

项目部将整个车站划分为12仓施工，标准段每仓长度为20m。每仓的混凝土浇筑顺序为：垫层→底板→负2层侧墙→中板→负1层侧墙→顶板，按照上述工序和规范要求设置了水平施工缝，其中底板与负2层侧墙的水平施工缝设置如图2所示。

图 2 腋角大样图（单位：mm）

标准段某仓顶板施工时，日均气温23℃，为检验评定混凝土强度，控制模板拆除时间，项目部按相关要求留置了混凝土试件。

顶板模板支撑体系采用盘扣式满堂支架，项目部编制了支架搭设专项方案，由于搭设高度不足8m，项目部认为该方案不必经过专家论证。

📖 问题

1. 补充其他监测应测项目。

2. 图1右侧虚线范围断面内应设几道水平施工缝？写出图2中底板与负2层侧墙水平施工缝正确位置对应的字母。

3. 该仓顶板混凝土浇筑过程应留置几组混凝土试件？并写出对应的养护条件。

4. 支架搭设方案是否需要专家论证？写出原因。

📄 参考答案及解析

1. 补充其他监测应测项目。

【参考答案】

基坑监测应测项目：地连墙体水平位移，立柱结构竖向位移，支撑轴力，地表沉降，竖井井壁支护结构净空收敛，地下水位。

【解析】监测属于市政专业的重要考点，二建市政多围绕着基坑展开考核，未来需对教材新增的道路、桥梁和隧道的监测项目给予更多的重视。

2. 图1右侧虚线范围断面内应设几道水平施工缝？写出图2中底板与负2层侧墙水平施工缝正确位置对应的字母。

【参考答案】

应设置4道水平施工缝。

底板与负2层侧墙水平施工缝正确位置为A。

【解析】

通过本题背景资料中每仓的混凝土浇筑顺序"垫层→底板→负2层侧墙→中板→负1层侧墙→顶板"，可以得出在车站结构的虚线范围内，底板与负2层侧墙之间设置第一道施工缝；负2层侧墙与中板之间设置第二道施工缝；中板与负1层侧墙之间设置第三道施工缝；负1层侧墙与顶板之间设置第四道施工缝。底板与负2层侧墙的施工缝既不能设置在底板与腋角衔接位置，也不能设置在侧墙与腋角衔接位置，所有钢筋混凝土建筑结构底板和侧墙施工缝的设置一般都遵循以下原则：如果不设腋角，施工缝留置在底板以上不小于200mm处；如果设腋角，一般需要在腋角以上不少于200mm。所以本题底板与负2层侧墙水平施工缝应留置在A处。

3. 该仓顶板混凝土浇筑过程应留置几组混凝土试件？并写出对应的养护条件。

【参考答案】

应留置 3 组混凝土试件。

养护条件：与顶板混凝土同条件养护，不少于 14d。

【解析】 混凝土试件有两种类型，分别是同条件养护试件和标养试件。标养试件用于检验已浇筑混凝土的质量，而同条件养护试件则用于确定混凝土模板的拆除时间。根据题目中提供的背景信息，即"为检验评定混凝土强度，控制模板拆除时间，项目部按相关要求留置了混凝土试件"，可以确定本题中的试件是用于控制混凝土拆模时间的，因此是同条件养护试件。

根据题目给出的工程信息，车站标准宽度为 19.6m，标准段每仓长度为 20m，顶板厚度为 0.7m（700mm）。因此，该仓顶板的混凝土体积为 $20 \times 19.6 \times 0.7 = 274.4 \text{m}^3$。由于混凝土方量未超过 300m^3，根据考试用书规定：当每拌制 100 盘且不超过 100m^3 时，取样不得少于一次，每次取样应至少留置一组试件。因此，在本工程中需要留置 3 组试件。

4. 支架搭设方案是否需要专家论证？写出原因。

【参考答案】

需要专家论证。

原因：车站宽度 19.6m，每仓宽度 20m，支架搭设跨度超过 18m，且顶板混凝土厚度为 700mm，属于超过一定规模的危险性较大的分部分项工程，应当组织专家论证。

【解析】 本小问需要组织专家论证，理由有两个：一是分仓浇筑宽度 20m，也就是混凝土顶板支架搭设跨度超过 18m；二是从图形上看，顶板厚度为 700mm，按照常识，混凝土重度（或容重）为 25kN/m^3，混凝土的自重荷载为 $25 \text{kN/m}^3 \times 0.7 \text{m} = 17.5 \text{kN/m}^2$，超过了 15kN/m^2。而混凝土模板支撑工程搭设跨度 18m 及以上或施工总荷载（设计值）15kN/m^2 及以上，应当组织专家论证。

 案例 22　2021 年（5 月 23 日）二建案例题四

背景资料

某公司承建一项道路扩建工程，在原有道路一侧扩建，并在路口处与现况道路平接。现况道路下方有多条市政管线，新建雨水管线接入现况路下既有雨水管线。项目部进场后，编制了施工组织设计、管线施工方案、道路施工方案、交通导行方案、季节性施工方案。

道路中央分隔带下布设一条 $D1200 \text{mm}$ 雨水管线，管线长度 800m，采用平接口钢筋混凝土管，道路及雨水管线布置平面如图 1 所示。沟槽开挖深度 $H \leqslant 4\text{m}$ 时，采用放坡法施工，沟槽开挖断面如图 2 所示；$H > 4\text{m}$ 时，采用钢板桩加内支撑进行支护。

图1   道路及雨水管线布置平面示意图

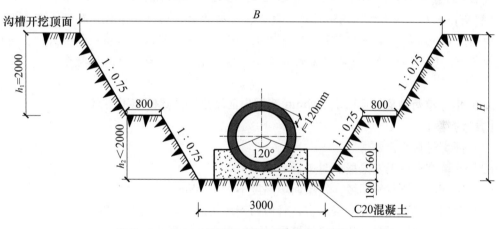

图2   3m<H≤4m 沟槽开挖断面示意图 (单位:mm)

为保证管道回填的质量要求,项目部选取了适宜的回填材料,并按规范要求放坡。

扩建道路与现况道路均为沥青混凝土路面,在新旧路接头处,为防止产生裂缝,采用阶梯形接缝、新旧路接缝处逐层跨缝设置了土工格栅。

📖 问题

1. 补充该项目还需要编制的专项施工方案。

2. 计算图1中 Y21 管内底标高 A,图2中该处的开挖深度 H 以及沟槽开挖断面上口宽度 B。(保留1位小数,单位为m)

3. 写出管道两侧及管顶以上 500mm 范围内回填土应注意的施工要点。

4. 写出新旧路接缝处,除了跨缝设置土工格栅外,还有哪几道工序?

参考答案及解析

1. 补充该项目还需要编制的专项施工方案。

【参考答案】

还需要编制：沟槽开挖方案、沟槽支护方案、管道吊装方案、管线勾头方案（或与既有管线接入方案）。

【解析】 本小问所需补充方案并未明确是危险性较大的安全专项施工方案，所以需要依据背景补充施工中的吊装方案、勾头方案、沟槽开挖和支护方案等内容。

2. 计算图 1 中 Y21 管内底标高 A，图 2 中该处的开挖深度 H 以及沟槽开挖断面上口宽度 B。（保留 1 位小数，单位为 m）

【参考答案】

管内底标高 $A = 19.526 - 40 \times 2‰ = 19.446\text{m}$，即 $A \approx 19.4\text{m}$。

开挖深度 $H = 23.02 - 19.446 + 0.12 + 0.18 = 3.874\text{m}$，即 $H \approx 3.9\text{m}$。

上口宽度 $B = 3 + 3.874 \times 0.75 \times 2 + 2 \times 0.8 = 10.411\text{m}$，

或 $B = 3 + (3.874 - 2) \times 0.75 \times 2 + 0.8 \times 2 + 2 \times 0.75 \times 2 = 10.411\text{m}$，即 $B \approx 10.4\text{m}$。

【解析】 本小问属于依据图形计算的题目，考核的知识点比较综合，题目既有垂直、水平方向的计算，也有坡度计算。需要注意的是，题目要求计算结果保留一位小数，但是计算过程中后面还要用的数值需要将计算结果完全保留，以免影响后续计算的精度。

3. 写出管道两侧及管顶以上 500mm 范围内回填土应注意的施工要点。

【参考答案】

（1）回填材料符合要求。

（2）回填宜在一天气温最低时进行。

（3）由管道两侧对称回填，每层回填高度不大于 200mm。

（4）采用轻型压实机具分层压实，管道两侧压实面高差不大于 300mm。

（5）分段回填压实时，相邻段的接槎呈台阶形且不得漏夯。

【解析】 本小问考核的是刚性管道回填，不过采分点与柔性管道回填大同小异，无外乎是回填材料、时间、对称、层厚、接槎等内容。

4. 写出新旧路接缝处，除了跨缝设置土工格栅外，还有哪几道工序？

【参考答案】

还应有以下工序：

（1）逐层垂直切割旧路接缝处。

（2）采用垫方木等措施保护接槎棱角。

（3）清洗切割面。

（4）接槎干燥后涂刷粘层油。

（5）摊铺新沥青混凝土后跨缝碾压。

【解析】沥青混凝土冷接缝施工考核频率非常高，一般答案都围绕着垂直切割、上下错开、接槎清洗、涂刷粘层油、搭接处铺设土工格栅、跨缝碾压等采分点展开。

案例 23 2020 年二建案例题一

背景资料

某单位承建一钢厂主干道钢筋混凝土道路工程，道路全长 1.2km，红线宽 46m，路幅分配如图 1 所示。雨水主管敷设于人行道下，管道平面布置如图 2 所示。该路段地层富水，地下水位较高，设计单位在道路结构层中增设了 200mm 厚级配碎石层。项目部进场后按文明施工要求对施工现场进行了封闭管理，并在现场进口处挂有"五牌一图"。

图 1 三幅路横断面示意图（单位：mm）

图 2 半幅路雨水管道平面示意图（单位：mm）

道路施工过程中发生如下事件：

事件一：路基验收完成已是深秋，为在冬期到来前完成水泥稳定碎石基层施工，项目部经过科学组织，优化方案，集中力量，按期完成基层分项工程的施工任务，同时做好了基层的防冻覆盖工作。

事件二：基层验收合格后，项目部采用开槽法进行 DN300mm 的雨水支管施工，雨水支管沟槽开挖断面如图 3 所示。槽底浇筑混凝土基础后敷设雨水支管，最后浇筑 C25 混凝土对支管进行全包封处理。

图 3　雨水支管沟槽开挖断面示意图（单位：mm）

事件三：雨水支管施工完成后，进入了面层施工阶段，在钢筋进场时，实习材料员当班检查了钢筋的品种、规格，均符合设计和国家现行标准规定，经复试（含见证取样）合格，却忽略了供应商没能提供的相关资料，便将钢筋投入现场施工。

📖 问题

1. 设计单位增设的 200mm 厚级配碎石层应设置在道路结构中的哪个层次？说明其作用。

2. "五牌一图"具体指哪些牌和图？

3. 请写出事件一中进入冬期施工的气温条件，并写出基层分项工程应在冬期施工到来之前多少天完成。

4. 请在图 3 雨水支管沟槽开挖断面示意图中选出正确的雨水支管开挖断面形式，并说明理由。[开挖断面形式用（a）断面或（b）断面作答]

5. 事件三中钢筋进场时还需要检查哪些资料？

📋 参考答案及解析

1. 设计单位增设的 200mm 厚级配碎石层应设置在道路结构中的哪个层次？说明其作用。

【参考答案】

（1）级配碎石为垫层（或设置在土路基与基层之间）。

（2）作用：改善土基的湿度和温度状况（或提高路面结构的水稳性和抗冻胀能力），扩散荷载，减小土基所产生的变形。

【解析】在道路模块的案例考核中，主要围绕路基、基层和面层的施工展开，有时候也可能涉及挡土墙或道路改造，但很少会涉及道路垫层施工。垫层的内容除了考核其作用外，还可以通过图形形式进行考核。例如，在题干中绘制道路结构断面图，标记上层、下层、基层和A，并要求考生指出A的名称并简述其施工要求。

2. "五牌一图"具体指哪些牌和图？
【参考答案】
五牌：工程概况牌、管理人员名单及监督电话牌、消防保卫（防火责任）牌、安全生产牌、文明施工牌。
一图：施工现场总平面图。

【解析】"五牌一图"这个知识点在市政和建筑专业中考核频率非常高，不过近年来这个知识点在教材中的描述经常发生变化，考试中依据当前的考试用书回答。

3. 请写出事件一中进入冬期施工的气温条件，并写出基层分项工程应在冬期施工到来之前多少天完成。
【参考答案】
（1）当施工现场环境日平均气温连续5d稳定低于5℃，或最低环境气温低于−3℃时，应视为进入冬期施工。
（2）应在冬期施工之前15~30d。

【解析】案例题中直接考核数字的形式在建造师考试中一直存在，只不过近年来这种题目的分值越来越少。这类考题有一个规律，就是考核过的数字在后面案例中再次考核的概率很低，所以大家备考时对教材中那些很重要但还没有考核过的数字需要更加重视。

4. 请在图3雨水支管沟槽开挖断面示意图中选出正确的雨水支管开挖断面形式，并说明理由。[开挖断面形式用（a）断面或（b）断面作答]
【参考答案】
开挖断面形式采用（b）断面。因为（a）断面形式在包封施工时，无法进行腋角部位混凝土浇筑。

【解析】案例背景资料中已经强调雨水支管在施工中需要进行全包封处理，既然是全包封施工，就必须保证混凝土可以从管道左右两侧布放到管底腋角部位并进行振捣。而（a）断面图中管道两侧紧邻沟槽侧壁，无法完成上述施工，显然不合理。此题的判断非常简单，但是回答理由时需要自己组织好语言。

5. 事件三中钢筋进场时还需要检查哪些资料？
【参考答案】
进场时还需要检查：钢筋成分，生产厂的牌号、炉号，检验报告和合格证。

【解析】 材料的检查验收在当前一、二建市政考试中出现的频率非常高，只不过这一次考试命题者直接考核的是教材原文内容。此知识点还可以将背景资料中的钢筋更换成混凝土管道、路缘石、橡胶止水带、各种化学管材等工程材料，而采分点基本相似，都是材料的各种证书系列。

案例 24　2020 年二建案例题二

背景资料

某城镇道路局部为路堑路段，两侧采用浆砌块石重力式挡土墙护坡，挡土墙高出路面约 3.5m，顶部宽度 0.6m，底部宽度 1.5m，基础埋深 0.85m，如图 1 所示。

在夏季连续多日降雨后，该路段一侧约 20m 挡土墙突然坍塌，该侧行人和非机动车无法正常通行。

调查发现，该段挡土墙坍塌前顶部荷载无明显变化，坍塌后基础未见不均匀沉降，墙体块石砌筑砂浆饱满黏结牢固，后背填土为杂填土，查见泄水孔淤塞不畅。

为恢复正常交通秩序，保证交通安全，相关部门决定在原位置重建现浇钢筋混凝土重力式挡土墙，如图 2 所示。

图 1　原浆砌块石挡土墙（单位：mm）

图 2　新建混凝土挡土墙（单位：mm）

施工单位编制了钢筋混凝土重力式挡土墙混凝土浇筑施工方案，其中包括：提前与商品混凝土厂沟通混凝土强度、方量及到场时间；第一车混凝土到场后立即开始浇筑；按每层 600mm 水平分层浇筑混凝土，下层混凝土初凝前进行上层混凝土浇筑；新旧挡土墙连接处增加钢筋使两者紧密连接；如果发生交通拥堵导致混凝土运输时间过长，可适量加水调整混凝土和易性；提前了解天气预报并准备雨期施工措施等内容。

施工单位在挡土墙排水方面拟采取以下措施：在边坡潜在滑塌区外侧设置截水沟；挡土墙内每层泄水孔上下对齐布置；挡土墙后背回填黏土并压实等。

问题

1. 从受力角度分析挡土墙坍塌原因。
2. 写出混凝土重力式挡土墙的钢筋设置位置和结构形式特点。
3. 写出混凝土浇筑前钢筋验收除钢筋品种规格外应检查的内容。
4. 改正混凝土浇筑方案中存在的错误之处。
5. 改正挡土墙排水设计中存在的错误之处。

参考答案及解析

1. 从受力角度分析挡土墙坍塌原因。

【参考答案】

（1）砌筑挡土墙泄水孔处未设置反滤层造成堵塞，使墙背排水不畅（积水过多）、墙背压力过大（主动土压力）导致挡土墙失稳坍塌。

（2）挡土墙高宽比设计不合理，基础埋深较浅。

【解析】 根据调查发现的关键点：坍塌前挡土墙顶部荷载无明显变化，坍塌后基础未见不均匀沉降，墙体块石砌筑砂浆饱满黏结牢固。我们可以得出以下结论，挡土墙的坍塌不是由于墙顶荷载、基础沉降或砌筑问题引起。

调查还发现：后背填土为杂填土，且泄水孔存在淤塞问题。结合图1挡土墙中泄水孔后未设置反滤层的情况，我们可以推断，泄水孔堵塞导致墙后土体含水量增加，进而增加了主动土压力，最终导致挡土墙的坍塌。

此外，在案例背景中提到了挡土墙的高度、顶部宽度、底部宽度以及基础埋深，并且在图中再次呈现了这些信息。这种重复的展示可能意味着这些数据可能是导致挡土墙坍塌的另一个因素，例如高宽比设计不合理或基础埋深过浅。

这类题目属于实操题，考生在考试中需要进行问题分析。评分主要依据案例背景的展开，因此在回答问题时，不能忽视案例背景中的任何细节。为了确保答案全面，应从多个角度进行回答，充分考虑各方面的信息。只有这样才能保证答案具有高度的涵盖性，以获得更高的分数。

2. 写出混凝土重力式挡土墙的钢筋设置位置和结构形式特点。

【参考答案】

钢筋设置位置：墙背（迎土面）和墙趾（基础）处。

结构形式特点：依靠墙体自重抵挡土压力作用。

【解析】 重力式挡土墙有三种形式：一种形式是砌筑，另外两种形式是现浇。从案例背景中可以看出，本工程挡土墙开始采用的是砌筑形式，而后期重新施工的挡土墙采用现浇混凝土形式，都是重力式挡土墙，只不过是更换了材料。但只要是重力式挡土墙，最大的特点都是依靠墙体的自重抵挡土压力。

3. 写出混凝土浇筑前钢筋验收除钢筋品种规格外应检查的内容。

【参考答案】

应检查钢筋间距、绑扎（焊接）质量、混凝土保护层厚度，以及锚固方式、连接方式、弯钩和弯折等内容。

【解析】浇筑混凝土前对钢筋的检查属于隐蔽工程验收，验收合格即可浇筑混凝土，有过结构施工经验的考生不难写出检查内容。本题采分点主要是钢筋间距、绑扎（焊接）、保护层厚度这类文字。

4. 改正混凝土浇筑方案中存在的错误之处。

【参考答案】

（1）应查验开盘鉴定，检查混凝土出厂、进场时间和外观，测试坍落度和留置试块后浇筑。

（2）现场应该有 2 辆（多辆）以上混凝土车后才开始浇筑；每层浇筑厚度不超过300mm；下层混凝土初凝前上层混凝土浇筑完毕。

（3）新旧挡土墙之间应设置沉降缝（变形缝）。

（4）应加减水剂或同配比（原水灰比）水泥浆进行搅拌。

【解析】本题涉及多个知识点，每个知识点都可以单独成为一个问题。

第 1 个知识点是混凝土进场后在浇筑前需要完成哪些工作，这个考点在 2018 年二建市政专业曾经进行过案例考核。

第 2 个知识点是一个综合题，涉及挡土墙混凝土浇筑层厚的数值修改，以及纠正第一车混凝土到达施工现场后立即进行浇筑的错误做法。可以参考高等级道路摊铺沥青混凝土时，在摊铺机前等候的运料车不少于 5 辆，以避免施工缝的做法。同样地，为了避免施工缝，在挡土墙浇筑混凝土前，也应等待多辆混凝土运料车到场后再进行浇筑。

第 3 个知识点是一个常被忽视的考点，即新、旧挡土墙的连接问题。新施工的挡土墙是现浇钢筋混凝土挡土墙，而原来的挡土墙是砌筑挡墙。考虑到这两种挡土墙的材质和施工时间等方面的不同，根据挡土墙施工要求，应按照一定距离设置沉降缝。

第 4 个知识点也是 2018 年二建案例考核中涉及的考点。

5. 改正挡土墙排水设计中存在的错误之处。

【参考答案】

（1）泄水孔应交错布置。

（2）挡土墙后背泄水孔周围应回填砂石类（透水性）材料。

【解析】题目要求直接改正挡土墙排水设计中的错误，无需提及不妥（或错误）之处，那么在考试中，直接给出正确做法即可，这样可以节约答题的时间。

这道题目并非要求基于教材原文内容回答，而是根据改错题的规则进行作答。大多数改错题可以按照题干描述的相反方向进行答题。例如，背景资料描述泄水孔上下对齐，那么作答时可以选择错开布置；背景中提到使用黏土，那么作答时可以改为使用透水性好的砂石类材料。

案例 25　2020 年二建案例题三

背景资料

　　某公司承建一座城市桥梁。上部结构采用 20m 预应力混凝土简支板梁；下部结构采用重力式 U 形桥台，明挖扩大基础。地质勘察报告揭示桥台处地质自上而下依次为杂填土、粉质黏土、黏土、强风化岩、中风化岩、微风化岩。桥台立面如下图所示。

桥台立面布置与基坑开挖断面示意图（标高单位为 m；尺寸单位为 mm）

　　施工过程中发生如下事件：

　　事件一：开工前，项目部会同相关单位将工程划分为单位、分部、分项工程和检验批，编制了隐蔽工程清单，以此作为施工质量检查、验收的基础，并确定了桥台基坑开挖在该项目划分中所属的类别。

　　桥台基坑开挖前，项目部编制了专项施工方案，上报监理工程师审查。

　　事件二：按设计图纸要求，桥台基坑开挖完成后，项目部在自检合格基础上，向监理单位申请验槽，并参照下表通过了验收。

扩大基础基坑开挖与地基质量检验标准

序号	项目		允许偏差（mm）	检验方法
1	一般项目	基底高程 土方	0～-20	用水准仪测，四角和中心
2		基底高程 石方	+50～-200	用水准仪测，四角和中心
3		轴线偏位	50	用 C，纵横各 2 点
4		基坑尺寸	不小于设计规定	用 D，每边各 1 点
5	主控项目	地基承载力	符合设计要求	检查地基承载力报告

 问题

1. 写出示意图中结构 A、B 的名称。简述桥台在桥梁结构中的作用。
2. 事件一中，项目部"会同相关单位"参与工程划分指的是哪些单位？
3. 事件一中，指出桥台基坑开挖在项目划分中属于哪几类？
4. 写出表中 C、D 代表的内容。

参考答案及解析

1. 写出示意图中结构 A、B 的名称。简述桥台在桥梁结构中的作用。

【参考答案】

结构 A 的名称是台帽；结构 B 的名称是锥形护坡。

桥台的作用：桥台一边与路堤相接，以防止路堤坍塌；另一边支承桥跨结构的端部，传递上部结构荷载至地基。

【解析】在案例背景资料中绘制施工图时，要求考生写出图中某一具体部位的名称。这类题目是当前一、二建市政专业考试中的超高频考点，几乎每年都会出现。对于桥梁而言，考核各部位名称的重点更多地体现在桥台位置，因为桥台中可以考核到耳墙（侧墙）、背墙（前墙）、桥台挡块、桥头搭板、台帽等多个构件。本题中，桥台顶部的结构 A 明显是指台帽，而结构 B 则是指锥形护坡。

台帽一般位于桥台位置，与盖梁基本是一个概念。一般在桥台上叫台帽，在桥墩上叫盖梁。台帽是在台身上面，用来放置梁板等上部结构的一种构件。

台帽

锥形护坡

2. 事件一中，项目部"会同相关单位"参与工程划分指的是哪些单位？

【参考答案】

建设单位和监理单位。

【解析】 本题考核的内容来自《城市桥梁工程施工与质量验收规范》CJJ 2—2008。该规范第23.0.1条规定：开工前，施工单位应会同建设单位、监理单位将工程划分为单位、分部、分项工程和检验批，作为施工质量检查、验收的基础。

市政专业经常考核道路工程、桥梁工程和给排水管线工程的工程验收。然而，这些考核内容通常在教材中未涉及，主要依据《城镇道路工程施工与质量验收规范》CJJ 1—2008、《城市桥梁工程施工与质量验收规范》CJJ 2—2008和《给水排水管道工程施工及验收规范》GB 50268—2008这三个规范。为了备考顺利，关注这些规范中的分部分项工程和检验批的划分，将有助于更好地准备考试并应对相关考题。

3. 事件一中，指出桥台基坑开挖在项目划分中属于哪几类？

【参考答案】

桥台基坑开挖属于分项工程、隐蔽工程。

【解析】《城市桥梁工程施工与质量验收规范》CJJ 2—2008规范中表23.0.1内容如下：

表23.0.1　城市桥梁分部（子分部）工程与相应的分项工程、检验批对照表（部分）

序号	分部工程	子分部工程	分项工程	检验批
1	地基与基础	扩大基础	基坑开挖、地基、土方回填、现浇混凝土（模板与支架、钢筋、混凝土）、砌体	每个基坑
		沉入桩	预制桩（模板、钢筋、混凝土、预制混凝土）、钢管桩、沉桩	每根桩

4. 写出表中C、D代表的内容。

【参考答案】

C代表的内容：经纬仪（或全站仪）测量。

D代表的内容：钢尺量。

【解析】 本题考核的知识点依然是《城市桥梁工程施工与质量验收规范》CJJ 2—2008表10.7.2-1内容（下表）。即便没看过规范内容，凭常识也可以写出本题的答案。轴线偏差的检验方法当然是采用经纬仪或者全站仪进行测量，而基坑尺寸最简单的方法采用钢尺进行量测。

表 10.7.2-1 基坑开挖允许偏差

序号项目		允许偏差（mm）	检验频率		检验方法
			范围	点数	
基底高程	土方	0 −20	每座基坑	5	用水准仪测量四角和中心
	石方	+50 −200		5	
轴线偏差		50		4	用经纬仪测量，纵横各 2 点
基坑尺寸		不小于设计规定		4	用钢尺量每边各 1 点

案例 26 2020 年二建案例题四

背景资料

某公司承建一座再生水厂扩建工程。项目部进场后，结合地质情况，按照设计图纸编制了施工组织设计。

基坑开挖尺寸为 70.8m（长）×65m（宽）×5.2m（深），基坑断面如下图所示。图中可见地下水位较高，为 −1.5m，方案中考虑在基坑周边设置真空井点降水。项目部按照以下

基坑断面示意图（高程单位为 m；尺寸单位为 mm）

流程完成了井点布置，高压水套管冲击成孔→冲洗钻孔→A→填滤料→B→连接水泵→漏水漏气检查→试运行，调试完成后开始抽水。

因结构施工恰逢雨期，项目部采用1：0.75放坡开挖，挂钢筋网喷射C20混凝土护面，施工工艺流程如下：修坡→C→挂钢筋网→D→养护。

基坑支护开挖完成后项目部组织了坑底验收，确认合格后开始进行结构施工。监理工程师现场巡视发现：钢筋加工区部分钢筋锈蚀、不同规格钢筋混放、加工完成的钢筋未经检验即投入使用，要求项目部整改。

结构底板混凝土分6仓施工，每仓在底板腋角上200mm高处设施工缝，并设置了一道钢板。

问题

1. 补充井点降水工艺流程中 A、B 工作内容。
2. 请指出基坑挂网护坡工艺流程中 C、D 的内容。
3. 坑底验收应由哪些单位参加？
4. 项目部现场钢筋存放应满足哪些要求？
5. 请说明施工缝处设置钢板的作用和安装技术要求。

参考答案及解析

1. 补充井点降水工艺流程中 A、B 工作内容。

【参考答案】

A：安放井点管；B：井口填黏土压实。

【解析】 本题考核点是降水井施工工序的名称，属于按照施工顺序补充施工工序的考点。任何井点降水都离不开井管，所以在降水井施工中填充滤料前需要先将井管安装完毕，然后才可以向井管周围填充滤料。当然填充滤料以后一定要将井口距离地面 1~2m 的高度进行黏土封堵，目的就是在进行井管抽真空时，不至于出现漏气现象。所以 A、B 两个工序，是安放井点管和井口填黏土压实。

2. 请指出基坑挂网护坡工艺流程中 C、D 的内容。

【参考答案】

C：打入锚杆（摩擦土钉、锚筋）。

D：喷射混凝土。

【解析】 作答此题需要从案例背景资料中图形和文字描述的两个角度进行分析。因为基坑围护形式是挂网喷射混凝土，需要确定这个网挂在哪里。根据图中显示的钢筋网和垂直于坡面的锚杆，可以推断工序 C 是打入锚杆（摩擦土钉、锚筋）。而工序 D 则更为明显，由于案例背景资料中提到了挂网喷射混凝土，因此在挂网后养护之前必定需要进行喷射混凝土的工序。

值得注意的是，本题的考点还可以升级，例如考核土钉墙施工。在这种情况下，土钉墙施工工序会比锚杆喷射混凝土更加复杂。考生后期可以尝试练习土钉墙的施工工序，以便更全面地准备相关考点。

3. 坑底验收应由哪些单位参加？

【参考答案】

坑底验收应该由勘察单位、设计单位、施工单位、监理单位和建设单位参加。

【解析】关于验槽的知识点，二建市政 2018—2020 年连续考核了三次，是这三年案例考点中的最牛"钉子户"。验槽的考点基本上是围绕着谁组织、谁参加、验哪些内容设问。

4. 项目部现场钢筋存放应满足哪些要求？

【参考答案】

（1）钢筋不得直接堆放在地面上，须垫高（下设垫木）、覆盖、防腐蚀、防雨露。

（2）时间不宜超过 6 个月。

（3）不同规格钢筋需分类码放。

（4）加工好的钢筋应有检验合格标识牌。

【解析】本题答案除了钢筋存放的常识外，还应结合案例背景进行回答。例如，案例背景中提到了"加工完成的钢筋未经检验即投入使用"，此时可以将"加工后检验合格的钢筋应悬挂标识牌"等内容作为采分点。这样能更好地与案例背景相结合，以提高得分率。

5. 请说明施工缝处设置钢板的作用和安装技术要求。

【参考答案】

（1）作用：止水。

（2）安装技术要求：

① 钢板除锈。

② 搭接不少于 20mm。

③ 双面连续满焊。

④ 安装居中、对称、垂直、稳定、牢固。

【解析】施工缝设置的止水钢板要求属于市政专业超高频考点，曾经考核过钢板本身的要求、搭接长度、安装要求、接缝要求、开口方向等内容，并且一般都以图形方式进行考核。

施工缝位置止水钢板

案例 27　2019 年二建案例题一

背景资料

某公司承建一项路桥结合城镇主干路工程，桥台设计为重力式 U 形结构。基础采用扩大基础，持力层位于砂质黏土层、地层中少量潜水；台后路基平均填土高度大于 5m。场地地质自上而下分别为腐殖土层、粉质黏土层、砂质黏土层，砂卵石层等。桥台及台后路基立面如图 1 所示，路基典型横断面及路基压实度分区如图 2 所示。

图 1　桥台及台后路基立面示意图

图 2　路基典型横断面及路基压实度区分示意图

施工过程中发生如下事件：

事件一：桥台扩大基础开挖施工过程中，基坑坑壁有少量潜水出露，项目部按施工方案要求，采取分层开挖和做好相应的排水措施，顺利完成了基坑开挖施工。

事件二：扩大基础混凝土结构施工前，项目部在基坑施工自检合格的基础上，邀请监理等单位进行实地验槽，检验项目包括轴线偏位、基坑尺寸等。

事件三：路基施工前，项目部技术人员开展现场调查和测量复测工作，发现部分路段原地面横向坡度陡于 1：5。在路基填筑施工时，项目部对原地面的植被及腐殖土层进行清理，并按规范要求对地表进行相应处理后，开始路基填筑施工。

事件四：路基填筑采用合格的黏性土，项目部严格按规范规定的压实度对路基填土进行分区如下：①路床顶面以下 80cm 范围内为 I 区；②路床顶面以下 80～150cm 范围为 II 区；③路床顶面以下大于 150cm 为 III 区。

📖 问题

1. 写出图 1 中构件 A 的名称及其主要作用。

2. 指出事件一中基坑排水最适宜的方法。

3. 事件二中，基坑验槽还应邀请哪些单位参加？补全基坑质量检验项目。

4. 事件三中，路基填筑前，项目部应如何对地表进行处理？

5. 写出图 2 中各压实度分区的压实度值。（重型击实）

📑 参考答案及解析

1. 写出图 1 中构件 A 的名称及其主要作用。

【参考答案】

构件 A 的名称：桥头搭板（桥台搭板）。

主要作用：防止桥端连接处因不均匀沉降出现错台，车辆行至此处可起到缓冲作用，从而避免发生桥头跳车现象。

【解析】 桥头搭板是桥梁附属结构分部工程中的一个分项工程，设置在桥台或悬臂梁板端部和填土之间，随着填土的沉降能够少量发生转动的结构，是为防止桥端连接部分的沉降而采取的措施。车辆行驶时可起到缓冲作用，即使台背填土沉降也不至于产生凹凸不平。

图形考试是近几年市政考试的"新宠"，对于现场施工人员而言，应该没有难度。不过对于没有现场施工经验的考生，平时多看看施工图纸，有方向地了解一些施工工法和视频，也可以弥补自身的不足。此外，一、二建教材中一些点到而没有展开的知识点，需要引起考生注意，是未来案例题考核的方向之一。

桥头搭板

2. 指出事件一中基坑排水最适宜的方法。

【参考答案】

集水明排法，即开挖过程中，采取边开挖、边用排水沟和集水井进行集水明排的方法。

【解析】 案例背景交待，基础采用扩大基础，持力层位于砂质黏土层、地层中少量潜水。场地地质自上而下分别为腐殖性土、粉质黏土层、砂质黏土层、砂卵石层等。而基础开挖施工过程中，基坑坑壁只有少量潜水出露。那么从经济性角度考虑，最适宜的排水方法就是集水明排。

3. 事件二中，基坑验槽还应邀请哪些单位参加? 补全基坑质量检验项目。

【参考答案】

基坑验槽应邀请的单位还有建设（业主）单位、设计单位、地质勘察（测）单位、质量监督部门。

基坑施工质量检验项目还有：基底高程（标高）、地基承载力、基底土质等。

【解析】 验槽属于二建市政专业高频考点，对于验槽的组织者、参加者、验槽的项目等均多次涉及。

4. 事件三中，路基填筑前，项目部应如何对地表进行处理?

【参考答案】

（1）排除原地面积水。

（2）对原路基进行地基承载力检测。

（3）将清理后的地面进行夯实。

（4）原地面横向坡度陡于 1：5 时，应修成台阶形式，每层台阶宽度不得小于 1m。

【解析】 填土路基施工要点：①地基承载力满足要求；②原路基处理（清表，处理不合格地面，必要时修台阶）；③土质合格且填土方式符合规范要求（填土要分层，碾压有原则）。本题目问的是地表处理，那么针对问题答出对应项即可。这里需要注意回答案例题时语言组织的问题。

5. 写出图 2 中各压实度分区的压实度值。（重型击实）

【参考答案】

Ⅰ区压实度：≥95%。Ⅱ区压实度：≥93%。Ⅲ区压实度：≥90%。

【解析】 本题图中Ⅰ区、Ⅱ区和Ⅲ区对应的是路床、上路堤和下路堤。路面结构层以下 80cm 范围内的部分为路床。上路堤是指路面结构层以下 80~150cm 的填方路基，下路堤是指上路堤以下的填方路基。在《城镇道路工程施工与质量验收规范》CJJ 1—2008 表 6.3.12-2 内容如下。

表 6.3.12-2　路基压实度标准

填挖类型	路床顶面以下深度（cm）	道路类型	压实度（%）（重型击实）	检验频率 范围	检验频率 点数	检验方法
挖方	0~30	城市快速路、主干路	≥95			
		次干路	≥93			
		支路及其他小路	≥90			
填方	0~80	城市快速路、主干路	≥95	1000m²	每层 3 点	环刀法、灌水法或灌砂法
		次干路	≥93			
		支路及其他小路	≥90			
	>80~150	城市快速路、主干路	≥93			
		次干路	≥90			
		支路及其他小路	≥90			
	>150	城市快速路、主干路	≥90			
		次干路	≥90			
		支路及其他小路	≥87			

案例 28　2019 年二建案例题二

背景资料

某公司承接给水厂升级改造工程，其中新建容积 10000m³ 清水池一座，钢筋混凝土结构，混凝土设计强度等级为 C35、P8，底板厚 650mm；垫层厚 100mm，混凝土设计强度等级为 C15；底板下设抗拔混凝土灌注桩，直径 ϕ800mm，满堂布置。桩基施工前，项目部按照施工方案进行施工范围内地下管线迁移和保护工作，对作业班组进行了全员技术安全交底。

施工过程中发生如下事件：

事件一：在吊运废弃的雨水管节时，操作人员不慎将管节下的燃气钢管兜住，起吊时钢管被拉裂，造成燃气泄漏，险些酿成重大安全事故。总监理工程师下达工程暂停指令，要求施工单位限期整改。

事件二：桩基首个验收批验收时，发现个别桩有如下施工质量缺陷。桩基顶面设计高程以下约 1.0m 范围混凝土不够密实，达不到设计强度。监理工程师要求项目部提出返修处理方案和预防措施。项目部获准的返修处理方案所附的桩头与杯口细部做法如下图所示。

桩头与杯口细部做法示意图（尺寸单位：mm）

📖 问题

1. 指出事件一中项目部安全管理的主要缺失，并给出正确做法。
2. 列出事件一整改与复工的程序。
3. 分析事件二中桩基质量缺陷的主要成因，并给出预防措施。
4. 依据桩头与杯口细部做法示意图给出返修处理步骤。（请用文字叙述）

📄 参考答案及解析

1. 指出事件一中项目部安全管理的主要缺失，并给出正确做法。

【参考答案】

（1）主要缺失：

① 未对施工区域管线调查。

② 未编制吊装方案、未进行试吊。

③ 未对危险性较大的吊运节点进行安全验收（或动态监控）。

（2）正确做法：

① 应依据风险控制方案，对易发生生产安全事故的部位（燃气管道）进行标识。

② 正式吊装前进行试吊。

③ 对起吊作业进行旁站监控（或检查），设置专职安全员（或指挥人员）。

【解析】在案例背景中提到："在吊运废弃的雨水管节时，操作人员不慎将管节下的燃气钢管兜住，起吊时钢管被拉裂，造成燃气泄漏，险些酿成重大安全事故"。这一描述表明施工单位在管线调查方面存在缺失，并且现场可能没有进行试吊作业，或者动态监控方面存在问题。正确的做法与管理缺失之间存在对应关系。只要回答出前面的缺失，后面的正确做法基本可以得到相应的分数。

2. 列出事件一整改与复工的程序。

【参考答案】

项目部停工并提出整改措施（方案）→总监理工程师批准整改措施（方案）→验证整改措施（方案）→项目部提出复工申请→总监理工程师下达复工令。

【解析】在回答该问题时，请注意问题要求"列出事件一整改与复工的程序"，确保回答中涵盖整改和复工两个方面。按照正确的程序，首先进行整改，整改的流程应该是施工单位提出整改方案，经总监理工程师批准后执行方案，然后准备复工。复工相对较简单，同样也需要施工单位提出复工申请，然后由总监理工程师下达复工令。

3. 分析事件二中桩基质量缺陷的主要成因，并给出预防措施。

【参考答案】

造成桩基质量缺陷的主要原因：超灌高度不够、混凝土浮浆太多、孔内混凝土面测定不准。

预防措施：根据现场情况灌注混凝土超灌 $0.5\sim1m$；桩顶 $10m$ 内的混凝土应适当调整配合比，增大碎石含量；在灌注最后阶段，孔内混凝土面测定应采用硬杆筒式取样法测定。

【解析】钻孔灌注桩施工质量问题一直是市政专业考试中的高频考点。考核内容主要涵盖钻孔偏斜、堵管、夹渣断桩、桩身混凝土不符合设计要求，以及桩顶混凝土不密实等情况。考试形式通常包括质量问题的原因分析、预防措施以及后期处理。在备考这个考点时，除了记忆教材中已涉及的质量问题，还需要额外关注其他尚未考核的钻孔灌注桩质量问题，以充分准备考试。

4. 依据桩头与杯口细部做法示意图给出返修处理步骤。（请用文字叙述）

【参考答案】

（1）按照方案高程和坡度挖出桩头、形成杯口。

（2）凿除桩身（桩头）不密实部分，将剔出主筋清理。

（3）浇筑杯口混凝土垫层。

（4）安放垫块并绑扎底板钢筋。

（5）桩头主筋按设计要求弯曲并与底板上层钢筋焊接。

（6）混凝土浇筑并养护。

【解析】本题相当于"看图说话"的题目。根据案例背景，水池底板下面设置了抗拔桩，但施工时发现个别桩的桩顶混凝土不密实，因此需要对这些问题桩进行处理。由于问题仅限于桩顶混凝土，处理方法是升挖桩头形成杯口，并将不密实的混凝土全部凿除。然后，将桩顶的钢筋与底板进行整体连接后，与顶板混凝土一起统一浇筑。在回答问题时，需要注意案例背景图中的细节信息，如杯口的挖深和坡度等，在答案中应该有所体现。另外，桩的钢筋与底板上层钢筋的连接，也显示出该工程中采用了抗拔桩。这道题目设计得非常新颖，将来可能会在其他专业领域出现类似形式的考核题目。

案例29 2019年二建案例题三

背景材料

某施工单位承建一项城市污水主干管道工程,全长1000m。设计管材采用Ⅱ级承插式钢筋混凝土管,管道内径 D_i 1000mm,壁厚100mm;沟槽平均开挖深度为3m,底部开挖宽度设计无要求。场地地层以硬塑粉质黏土为主,土质均匀,地下水位于槽底设计标高以下,施工期为旱季。

项目部编制的施工方案明确了下列事项:

(1)将管道的施工工序分解为:①沟槽放坡开挖;②砌筑检查井;③下(布)管;④管道安装;⑤管道基础与垫层;⑥沟槽回填;⑦闭水试验。

施工工艺流程:①→A→③→④→②→B→C。

(2)依据现场施工条件、管材类型及接口方式等因素确定了管道沟槽底部一侧的工作面宽度为500mm,沟槽边坡度为1:0.5,如下图所示。

(3)质量管理体系中,管道施工过程质量控制实行企业的"三检制"流程。

(4)根据沟槽平均开挖深度及沟槽开挖断面估算沟槽开挖土方量(不考虑检查井等构筑物对土方量估算值的影响)。

(5)由于施工场地受限及环境保护要求,沟槽开挖土方必须外运,土方外运量依据《土方体积换算系数表》估算。外运用土方车辆容量为10m³/车·次,外运单价为100元/车·次。

沟槽开挖断面示意图(单位:mm)

土方体积换算系数表

虚方	松填	天然密实	夯填
1.00	0.83	0.77	0.67
1.20	1.00	0.92	0.80
1.30	1.09	1.00	0.87
1.50	1.25	1.15	1.00

📖 问题

1. 写出施工方案（1）的管道施工工艺流程中 A、B、C 的名称。（用背景资料中提供的序号①~⑦或工序名称作答）

2. 写出确定管道沟槽边坡坡度的主要依据。

3. 写出施工方案（3）中"三检制"的具体内容。

4. 依据施工方案（4）（5），列式计算管道沟槽开挖土方量（天然密实体积）及土方外运的直接成本。

5. 指出本工程闭水试验管段的抽取原则。

📑 参考答案及解析

1. 写出施工方案（1）的管道施工工艺流程中 A、B、C 的名称。（用背景资料中提供的序号①~⑦或工序名称作答）

【参考答案】

施工工艺流程中 A 的名称：⑤（管道基础与垫层）；B 的名称：⑦（闭水试验）；C 的名称：⑥（沟槽回填）。

【解析】 在案例背景当中①是沟槽放坡开挖，③是下（布）管，④是管道安装，从常识上也可以判断出在下管、安管之前要施工管道的基础与垫层，所以 A 名称不难得出。排序最后两项是⑥沟槽回填和⑦闭水试验，而排水管道施工的闭水试验必须在回填前进行，由此可得最终排序。

本题目属于排序题类型，但比传统的全程排序题目要相对简单一些。回答这类题目的关键点是要明白题目中已列工序名称的含义，继而就很容易确定工序的先后顺序。

2. 写出确定管道沟槽边坡坡度的主要依据。

【参考答案】

确定边坡坡度的主要依据：土的类别（或土质情况）、坡顶荷载、地下水位、沟槽开挖深度、沟槽支撑。

【解析】 本题的答案在教材中有相应介绍："当地质条件良好、土质均匀、地下水位低于沟槽底面高程，且开挖深度在 5m 以内、沟槽不设支撑时，沟槽边坡最陡坡度应符合表……的规定"。即使对这个知识点记忆不深刻，根据案例背景中提供的信息："沟槽平均开挖深度为 3m……场地地层以硬塑粉质黏土为主，土质均匀，地下水位于槽底设计标高以下"，我们仍然可以拿到相应的采分点。

3. 写出施工方案（3）中"三检制"的具体内容。

【参考答案】

"三检制"的具体内容：班组自检、工序或工种间互检、专业检查（专检）。

【解析】当前市政专业考核多以技术为主,这类纯管理的题目考核得比较少了,不过本题涉及知识点属于管理中较为常识的内容,不难作答。

4. 依据施工方案(4)(5),列式计算管道沟槽开挖土方量(天然密实体积)及土方外运的直接成本。

【参考答案】

(1)沟槽底宽:1000÷1000+100÷1000×2+500÷1000×2=2.2m

沟槽顶宽:2.2+3×0.5×2=5.2m

沟槽开挖土方量:(5.2+2.2)×3÷2×1000=11100m³

(2)外运土方量(虚方):11100×1.3=14430m³

土方外运直接成本:14430÷10×100=144300元

【解析】本小问题属于沟槽开挖土方量计算类型,实际上是考核计算梯形面积,并根据梯形面积乘以沟槽长度来得出开挖土方体积的题目。难度系数不高,需要注意题干中不同单位之间的换算。

在本小题的第二问中,要求计算土方外运的直接成本。土方外运是指经过挖掘后的松散土方体积,也称为虚方体积。根据题目提供的表格信息,可以得知天然密实体积与虚方体积之间的折算系数为1:1.3。通过已计算出的天然密实体积,可以很容易地计算得到虚方体积,进而得出土方外运的直接成本。

以下是四个名词的解释:

(1)天然密实体积:指挖掘前未扰动的土方体积。在土石方工程量计算一般规则中,土方体积通常以挖掘前的天然密实体积为基准进行计算。

(2)虚方体积:指经过挖掘后的松散土方体积。在使用松散土方进行回填时,需要将天然密实体积进行折算,折算系数为1:0.77。

(3)松填体积:土方回填过程中,未进行压实作业的土方体积。在这种情况下,回填土方的体积被称为松填体积。

(4)夯填(夯实)体积:回填土方过程中经过压实(夯实)后的土方体积。在进行压实(夯实)后,土方体积被称为夯填(夯实)体积。

5. 指出本工程闭水试验管段的抽取原则。

【参考答案】

抽取原则:

(1)试验管段应按井距分隔,抽样选取,带井试验,一次试验不超过5个连续井段。

(2)按管道井段数量抽样选取1/3进行试验;试验不合格时,抽样数量应在原抽样基础上加倍进行试验。

【解析】本工程管道内径为1000mm,大于700mm,所以可按管道井段数量抽样选取1/3进行试验。二建市政专业经常考核排水管道的功能性试验,后期备考中对于功能性试验的简单计算应给予足够的重视。

案例 30   2019 年二建案例题四

背景资料

A 公司中标承建一项热力站安装工程，该热力站位于某公共建筑物的地下 1 层，一次给回水设计温度为 125℃/65℃，二次给回水设计温度为 80℃/60℃，设计压力为 1.6MPa；热力站主要设备包括板式换热器、过滤器、循环水泵、补水泵、水处理器、控制器、温控阀等；采取整体隔声降噪综合处理。热力站系统工作原理如下图所示。

热力站系统工作原理图

工程实施过程中发生如下事件：

事件一：安装工程开始前，A 公司与公共建筑物的土建施工单位在监理单位的主持下对预埋吊点、设备基础、预留套管（孔洞）进行了复验，划定了纵向、横向安装基准线和标高基准点，并办理了书面交接手续。设备基础复验项目包括纵轴线和横轴线的坐标位置、基础面上的预埋钢板和基础平面的水平度、基础垂直度、外形尺寸、预留地脚螺栓孔中心线位置。

事件二：鉴于工程的专业性较强，A 公司决定将工程交由具有独立法人资格和相应资质，且具有多年施工经验的下属 B 公司来完成。

事件三：为方便施工，B 公司进场后拟利用建筑结构作为起吊、搬运设备的临时承力构件，并征得了建设、监理单位的同意。

事件四：工程施工过程中，质量监督部门对热力站工程进行监督检查，发现施工资料中施工单位一栏均填写 B 公司，且 A 公司未在施工现场设立项目管理机构，根据《中华人民共和国建筑法》A 公司与 B 公司涉嫌违反相关规定。

问题

1. 写出上图中编号为①、②、③、④、⑤的设备名称。
2. 事件一中,设备基础的复验项目还应包括哪些内容?
3. 事件三中,B公司的做法还应征得哪方的同意?说明理由。
4. 结合事件二与事件四,写出A公司与B公司的违规之处。

参考答案及解析

1. 写出上图中编号为①、②、③、④、⑤的设备名称。

【参考答案】

图中编号为①、②、③、④、⑤的设备名称分别为:①板式换热器;②温控阀;③补水泵;④过滤器;⑤循环水泵。

【解析】本题目也是一道图形考核题。这个原理图也许大家并未见过,但题干中已经给出了设备名称,便使本题的难度下降了许多,考生只需对号入座即可。即使一个都不认识,也可以通过分析得出部分答案。

5个设备名称,有两个都是水泵,而题目中图形相似的只有③和⑤,所以③和⑤确定是水泵,区分循环水泵和补水泵的关键是明白两个水泵的作用,很明显循环水泵是起循环的作用,而补水泵则是补给的作用。从图上看,⑤这个水泵处于系统当中,且在闭路系统,所以一定是循环水泵,而③在图中处于系统末端,并且外面接了一个水箱,可以有效地对整个系统进行补给,所以只能是补水泵。

板式换热器,顾名思义,是热交换装置,图中有一次给、回水和二次给、回水,那么换热器应该是在一、二次热网之间,这里的②和④都单一地处在一次回水或二次回水管线上,显然与换热器名称不相符。从另一个角度分析,板式换热器,应该是一个"板子"的形状,所以①是最合理的。

剩下②和④,温控阀和过滤器,管道施工中,用得最多的就是阀门,图中与②相同的形状有4个,所以②是温控阀最合理。最后④只能是过滤器了。

这个题目给我们更多的启示就是平时多看图,尽可能熟悉各类图纸,并且在识图过程中尽量锻炼一些分析能力。

2. 事件一中,设备基础的复验项目还应包括哪些内容?

【参考答案】

还应包括基础混凝土质量、不同平面的高程(标高)、预留地脚螺栓孔的深度和尺寸。

【解析】本题案例背景中提到了对预埋吊点、设备基础和预留套管(孔洞)进行了复验。然而,问题只要求补充设备基础的复验项目。因此,在回答问题时,无需补充预留套管和预埋吊点的复验项目。设备基础的复验项目包括位置、表面质量、几何尺寸、标高和混凝土质量。案例背景中已经提供了位置、表面质量和几何尺寸的信息，因此需要补充混凝土质量和标高的回答。此外，背景资料中特别强调了预留螺栓孔中心线位置。因此，作答时除了回答标高和混凝土质量外，还要根据问题要求补充预埋螺栓孔的深度和尺寸。

3. 事件三中，B 公司的做法还应征得哪方的同意？说明理由。

【参考答案】

还应征得建筑结构原设计单位和施工单位的同意。

理由：建筑结构承受附加荷载，可能引发结构安全问题，原设计单位要对结构的承载力（受力）进行核算（验算、复核），符合要求后方可使用。

【解析】 B 公司拟利用建筑结构作为起吊、搬运设备的临时承力构件，这种做法首先要经过原设计单位的验算。如果验算结果不能满足吊装、搬运设备的要求，那么就绝对不能采取上述形式施工。

4. 结合事件二与事件四，写出 A 公司与 B 公司的违规之处。

【参考答案】

A 公司与 B 公司的违规之处：转包。

【解析】 A 公司将工程交由下属 B 公司，而 B 公司具有独立法人资格和相应资质，所以属于转包。分包可以为合法分包和违法分包，而转包是被禁止的，因此没有合法转包的存在，也没有违法转包的说法。

案例 31　2018 年二建案例题一

背景资料

某公司承包一座雨水泵站工程，泵站结构尺寸 23.4m（长）×13.2m（宽）×9.7m（高），地下部分深度 5.5m，位于粉土、砂土层，地下水位为地面下 3.0m。设计要求基坑采用明挖放坡，每层开挖深度不大于 2.0m，坡面采用锚杆喷射混凝土支护，基坑周边设置轻型井点降水。

基坑临近城市次干路，围挡施工占用部分现况道路，项目部编制了交通导行图（下图）。在路边按要求设置了 A 区、上游过渡区、B 区、作业区、下游过渡区、C 区 6 个区段，配备了交通导行标志、防护设施、夜间警示信号。

基坑周边地下管线比较密集，项目部针对地下管线距基坑较近的现况制定了管线保护措施，设置了明显的标识。

1. 项目部的施工组织设计文件中包括质量、进度、安全、绿色施工及环境管理、成本

交通导行平面示意图

控制等保证措施；基坑土方开挖等安全专项施工技术方案，经审批后开始施工。

2. 为了能在雨期前完成基坑施工，项目部拟采取以下措施：

（1）采用机械分两层开挖；（2）开挖到基底标高后一次完成边坡支护；（3）机械直接开挖到基底标高夯实后，报请建设、监理单位进行地基验收。

问题

1. 补充施工组织设计文件中缺少的保证措施。

2. 交通导行示意图中，A、B、C功能区的名称分别是什么？

3. 项目部除了编制地下管线保护措施外，在施工过程中还需具体做哪些工作？

4. 指出项目部拟采取加快进度措施的不当之处，写出正确的做法。

5. 地基验收时，还需要哪些单位参加？

参考答案及解析

1. 补充施工组织设计文件中缺少的保证措施。

【参考答案】

缺少季节性施工保证措施（冬雨期施工措施）、交通组织措施、构（建）构筑物及文物保护措施、应急措施（应急预案）。

【解析】施工组织设计是一个重要的内容，包括以下主要方面：工程概况、施工总体部署、施工现场平面布置、施工准备、施工技术方案及主要施工保证措施。主要施工保证措施涵盖了多个方面，包括以下内容：进度保证措施、质量保证措施、安全管理措施、绿色施工及环境管理措施、成本控制措施、季节性施工保证措施、交通组织措施、构（建）筑物及文物保护措施以及应急措施。然而，在当前的考试中，传统的案例补充题并不是主要考核的内容，因此基于教材原文的这类题目相对较少出现。

2. 交通导行示意图中，A、B、C功能区的名称分别是什么？

【参考答案】

A为警告（警示）区，B为缓冲区，C为终止区。

【解析】交通导行的划分区域在一、二建市政专业考试中已经考核过三次，交通导行划分区域为警示（警告）区、上游过渡区、缓冲区、作业区、下游过渡区和终止区范围。虽然新教材中没有展开介绍交通导行的知识点，但是在道路和桥梁施工中均有提及。在市政专业考试中，这种在现场频繁涉及的管理措施基本都会是考核的重点。

3. 项目部除了编制地下管线保护措施外，在施工过程中还需具体做哪些工作？

【参考答案】

（1）设专人随时检查地下管线、维护加固设施。

（2）监测管线沉降和变形并记录。

【解析】市政工程中，大多数项目都位于市区，因此在进行基坑或沟槽开挖时必须面对现有地下管线的问题。市政一、二建专业对地下管线的考核主要从两个方面展开。首先是在开挖前需要进行哪些准备工作，包括查阅图纸、进行挖探坑、将管线信息在图纸上标记、现场标识和制定保护方案等。其次，在开挖过程中需要采取哪些措施也是考核的重点，包括管线改移、保护（支架、吊架或托架）、指定专人进行检查监督以及进行监控测量等。而在本小题中，要求描述在施工过程中还需要进行哪些工作，主要围绕开挖过程展开即可。

4. 指出项目部拟采取加快进度措施的不当之处，写出正确的做法。

【参考答案】

（1）机械分两层开挖错误；应分三层开挖，每层开挖深度不大于2.0m。

（2）开挖完成一次支护错误；应按照每层开挖高度及时进行边坡支护。

（3）机械直接开挖至基底标高错误；应保留200～300mm原状土人工清理至设计高程。

【解析】本题属于传统的改错题类型。即使遇到不清楚的知识点，我们可以通过对案例背景语言叙述的理解来进行方向描述，并尽可能给出合理的回答，以获得相应的分数。

5. 地基验收时，还需要哪些单位参加？

【参考答案】

地基验收时，还需要勘察单位和设计单位参加。

【解析】验槽是二建市政考试中的一个高频考点，涉及验槽的组织单位、参加单位及验槽的内容等几个方面。在回答相关问题时，需要注意以下细节：如果问题要求列出需要参加的单位，则回答本工程的参建单位即可，包括设计单位、勘察单位、施工单位、建设单位及监理单位；如果问题要求列出还应邀请哪些单位参加，最好在答案中特别提及质监站或质量监督部门。在考试时，务必注意聚焦问题的核心，并结合具体情况给出完整、精准的答案，以提高答案的质量，从而获得更好的分数。

案例32 2018年二建案例题二

背景资料

某桥梁工程项目的下部结构已全部完成,受政府指令工期的影响,业主将尚未施工的上部结构分成A、B二个标段,将B段重新招标。桥面宽度17.5m,桥下净空6m。上部结构设计为钢筋混凝土预应力现浇箱梁(三跨一联),共40联。

原施工单位甲公司承担A标段,该标段施工现场系既有废弃公路无需处理,满足支架法施工条件,甲公司按业主要求对原施工组织设计进行了重大变更调整;新中标的乙公司承担B标段,因B标施工现场地处闲置弃土场,地域宽广平坦,满足支架法施工部分条件,其中纵坡变化较大部分为跨越既有正在通行的高架桥段,新建桥下净空高度达13.3m(下图)。

跨越既有高架桥断面示意图(单位:mm)

甲、乙两公司接受任务后立即组织力量展开了施工竞赛。甲公司利用既有公路作为支架基础,地基承载力符合要求。乙公司为赶工期,将原地面稍做整平后即展开支架搭设工作,很快进度超过甲公司。支架全部完成后,项目部组织了支架质量检查,并批准模板安装,模板安装完成后开始绑扎钢筋。指挥部检查中发现乙公司施工管理存在问题,下发了停工整改通知单。

📖 问题

1. 原施工组织设计中，主要施工资源配置有重大变更调整，项目部应如何处理？重新开工之前技术负责人和安全负责人应完成什么工作？

2. 满足支架法施工的部分条件指的是什么？

3. B 标支架搭设场地是否满足支架的地基承载力？应如何处置？

4. 支架搭设前技术负责人应做好哪些工作？桥下净高 13.3m 部分如何办理手续？

5. 支架拼装间隙和地基沉降在桥梁建设中属于哪一类变形？采用什么方法解决这种变形对施工的影响？

6. 跨越既有高架部分的桥梁施工需到什么部门补充办理手续？

📝 参考答案及解析

1. 原施工组织设计中，主要施工资源配置有重大变更调整，项目部应如何处理？重新开工之前技术负责人和安全负责人应完成什么工作？

【参考答案】

（1）项目部应重新启动施工组织设计的编制，并重新进行审批程序。

（2）技术负责人：进行技术交底，相关方案的编制与审核工作。

（3）安全负责人：进行安全交底，安全专项方案的审核与报批工作。

【解析】"重新开工之前技术负责人和安全负责人应完成什么工作"并非教材介绍的内容，但是属于施工管理的常识。技术负责人开工前的工作主要围绕着技术方面展开，而技术方面的工作主要是技术交底、技术方案编制、审批等内容。同样地，安全负责人开工前的工作主要围绕安全方面展开，可以回答安全交底、安全专项施工方案的审批与报批等。

2. 满足支架法施工的部分条件指的是什么？

【参考答案】

（1）箱梁基础部分均为闲置弃土场，场地宽广，无支架搭设障碍。

（2）地域平坦，无需整平工作。

【解析】问题是本工程中满足支架法施工的部分条件指的是什么。案例背景中，地域平坦满足了支架搭设基础一个平整的要求，而位于闲置的弃土场的宽广场地满足了支架搭设无障碍物的要求。然而，仅满足这两个条件还不足以进行支架搭设。支架搭设前的场地要求包括：场地平整坚实，有排水设施，无障碍物。在本案例中，地处弃土场的场地说明地基松软，无法满足支架基础坚实这一最重要的条件。此外，支架基础还需要具备排水设施，以保证施工过程中的正常排水。因此，可以说案例背景中的现场条件满足了支架搭设的部分条件。

这道题目的形式较为新颖，对考生的知识应用能力和表达能力均进行了重要的考核。

3. B标支架搭设场地是否满足支架的地基承载力？应如何处置？

【参考答案】

(1) 不满足。

(2) 需对地基彻底平整后碾压；地基预压合格后硬化地面；支架基础四周设排水沟。

【解析】 本小问相当于前一小问的延续。支架搭设的地基处理考核过多次，一般针对支架地基处理的题目，采分点主要围绕夯实（压实）、换填、预压、硬化、排水等方面展开。

4. 支架搭设前技术负责人应做好哪些工作？桥下净高13.3m部分如何办理手续？

【参考答案】

(1) 技术负责人应做好如下工作：

① 对支架及地基进行验算。

② 编写支架方案并送审，经批准后方可施工。

③ 进行安全技术交底。

(2) 桥下净高13.3m部分应编写安全专项施工方案并组织专家论证，根据论证报告修改完善专项方案后实施。

【解析】 本小题考核两个方向。第一个方向是技术负责人在支架搭设前需要进行的工作。在施工过程中，项目技术负责人的职责主要包括验算、组织编制方案、重要方案的送审，以及安全技术的交底等工作。

第二个方向是在变相考核专家论证的审批手续，因为桥下净高已经达到了13.3m（搭设高度超过8m），所以支架专项方案必须要组织专家论证，需要办理论证和审批的手续。

5. 支架拼装间隙和地基沉降在桥梁建设中属于哪一类变形？采用什么方法解决这种变形对施工的影响？

【参考答案】

(1) 属于非弹性变形（塑性变形）。

(2) 采用预压方法解决这种变形对施工的影响。

【解析】 支架搭设后，承受施工荷载会产生弹性变形和非弹性变形。顾名思义，弹性变形是指材料在外力作用下产生变形，当外力去除后变形会随即消失，而非弹性变形就是在产生形变后不能恢复原状。显然支架拼装间隙和地基沉降属于后者。

解决非弹性变形最有效的方法就是对支架进行预压，通过重压将支架拼接间隙在浇筑混凝土前进行消除，同时使地基在支架预压过程中沉降到位，以免在后期浇筑混凝土过程中再出现变化。

6. 跨越既有高架部分的桥梁施工需到什么部门补充办理手续？

【参考答案】

需到市政工程行政主管部门和公安交通管理部门办理手续。

【解析】 办理手续属于市政高频考点，一建、二建市政对这一类考点考核过十几次，而且后期还会不定期出现。对于办理手续的题目，不能完全拘泥于教材内容。例如，施工中跨越（或下穿）、占用铁路、市政道路、河道等情况，开工前均应到相关部门办理手续。

案例 33　2018 年二建案例题三

背景材料

某公司承建一项城市污水处理工程，包括调蓄池、泵房、排水管道等，调蓄池为钢筋混凝土结构，结构尺寸为 40m（长）×20m（宽）×5m（高），结构混凝土设计等级为 C35，抗渗等级为 P6。调蓄池底板与池壁分两次浇筑，施工缝处安装金属止水带，混凝土均采用泵送商品混凝土。

事件一：施工单位在现场特定部位有针对地悬挂醒目的安全警示牌。

事件二：调蓄池基坑开挖渣土外运过程中，因运输车辆装载过满，造成抛洒滴漏，被城管执法部门下发整改通知单。

事件三：池壁混凝土浇筑过程中，有一辆商品混凝土运输车因交通堵塞，混凝土运至现场时间过长，坍落度损失较大，泵车泵送困难，施工员安排工人向混凝土运输车罐体内直接加水后完成了浇筑工作。

事件四：金属止水带安装中，接头采用单面焊搭接法施工，搭接长度为 15mm，并用铁钉固定就位，监理工程师检查后要求施工单位进行整改。

为确保调蓄池混凝土的质量，施工单位加强了混凝土浇筑和养护等各环节的控制，以确保实现设计的使用功能。

问题

1. 施工单位必须在哪些特定部位有针对地悬挂醒目的安全警示牌。

2. 事件二中，为确保项目的环境保护和文明施工，施工单位对出场的运输车辆应做好哪些防止抛洒滴漏的措施？

3. 事件三中，施工员安排向罐内加水的做法是否正确？应如何处理？

4. 说明事件四中监理工程师要求施工单位整改的原因。

5. 施工单位除了混凝土的浇筑和养护控制外，还应从哪些环节加以控制以确保混凝土质量？

参考答案及解析

1. 施工单位必须在哪些特定部位有针对地悬挂醒目的安全警示牌。

【参考答案】

施工单位必须在主要施工部位、作业点和危险区域，以及主要通道口有针对性地悬挂醒目的安全警示牌。

【解析】现场管理的内容多为教材原文的规定，所以对于那些可以考核案例但还未出现过真题的知识点应该给予足够重视。

2. 事件二中，为确保项目的环境保护和文明施工，施工单位对出场的运输车辆应做好哪些防止抛洒滴漏的措施？

【参考答案】

（1）施工车辆应采取密封覆盖措施。

（2）施工运送车辆不得装载过满（防超载），且低速行驶。

（3）在场地出口设置冲洗池和吸湿垫，保持运输车辆出场清洁。

【解析】文明施工是市政专业中的一个高频考点，而土方外运则是其中的重要环节。在考虑施工单位对出场的运输车辆应采取哪些防止抛洒滴漏的措施时，我们需要重点关注车辆和出场环节。考试时务必清晰理解题目要求，避免将施工现场的其他措施（如洒水降尘、场地硬化、堆土场覆盖、土方的绿化、固化等）作为本题的得分点。本题采分点针对外运渣土车的密封和覆盖、防超载、低速行驶、门口洗车池、专人负责冲洗车轮等内容。

3. 事件三中，施工员安排向罐内加水的做法是否正确？应如何处理？

【参考答案】

不正确。

正确做法：泵送防水混凝土，当坍落度损失后不能满足施工要求时，应加入原水灰比的水泥浆或减水剂进行搅拌，严禁直接加水。

【解析】在混凝土到达施工现场后，如果发现混凝土坍落度损失较大，向混凝土罐车内加水是一种常见但错误的做法。尽管施工人员和工人可能对这种错误的做法心知肚明，但出于省事的考虑，这种情况仍然可能发生。那么，遇到这种情况应该怎么做呢？在解决这个问题之前，我们首先需要找出混凝土坍落度损失的原因。

（1）如果混凝土坍落度损失是由于温度高、混凝土运输时间长等原因导致的，可以考虑向混凝土中加入减水剂。减水剂可以改善混凝土的流动性，使其更易于浇筑和振捣。

（2）如果混凝土坍落度损失是由于混凝土运输车漏浆现象造成的，需要向混凝土中加入原水灰比（配合比）的水泥浆进行二次搅拌，以恢复混凝土的坍落度。

在考试中，我们可以综合这两个方向来回答问题，以确保答案具有更高的涵盖性。当然，在实际施工中，应根据具体情况确定混凝土坍落度损失的原因，并采取相应的措施来保证混凝土的浇筑质量。

4. 说明事件四中监理工程要求施工单位整改的原因。

【参考答案】

（1）原因之一："止水带接头采用单面焊搭接法施工，搭接长度为15mm"，会造成焊缝位置漏水，应采用折叠咬接或搭接，搭接长度不小于20mm，必须采用双面焊接。

（2）原因之二："止水带采用铁钉固定就位"，会从钉眼处漏水，可用钢筋焊接定位。

【解析】在新大纲中，删除了给水排水构筑物相关知识点，但是施工缝处安装的止水钢板相关要求属于所有结构工程的常识内容，未来很可能会在其他结构工程的施工缝中进行考核。

5. 施工单位除了混凝土的浇筑和养护控制外，还应从哪些环节加以控制以确保混凝土质量？

【参考答案】

施工单位还应从原材料、配合比、混凝土搅拌、混凝土供应（运输）等环节加以控制，以确保混凝土质量。

【解析】混凝土一直以来都是建造师考试中各个专业的重要考点。因此，建造师需要熟悉混凝土相关知识，包括从原材料选择、混凝土的配合比、混凝土的搅拌、运输、浇筑振捣以及养护等全过程。此外，建造师还需要掌握混凝土施工中可能出现的各种情况，能够分析出问题的原因，提出预防措施，并熟悉解决方法。这类题目考试中出现的频率相当高，如混凝土浇筑过程中跑模、混凝土硬化后出现裂缝等情况。

案例 34　2018 年二建案例题四

背景材料

某公司项目部施工的桥梁基础工程，灌注桩混凝土强度为 C25，直径 1200mm，桩长 18m。承台、桥台的位置如图 1 所示，承台的桩位编号如图 2 所示。

图 1　承台桥台位置示意图

事件一：项目部依据工程地质条件，安排 4 台反循环钻机同时作业，钻机工作效率（1 根桩/2d）。在前 12d，完成了桥台的 24 根桩，后 20d 要完成 10 个承台的 40 根桩。承台施工前项目部对 4 台钻机作业划分了区域，如图 3 所示，并提出了要求：①每台钻机完成 10 根桩；②一座承台只能安排 1 台钻机作业；③同一承台两桩施工间隙时间为 2d。1# 钻机工作进度安排及 2# 钻机部分工作进度安排如图 4 所示。

注：$\widehat{1-1-4}$表示1轴-1号承台-4号桩

图 2　承台钻孔编号图

图 3　钻机作业区划分图

事件二：项目部对已加工好的钢筋笼做了相应标识，并且设置了桩顶定位吊环连接筋，钻机成孔、清孔后，监理工程师验收合格，立刻组织吊车吊放钢筋笼和导管，导管底部距孔底0.5m。

事件三：经计算，编号为3-1-1的钻孔灌注桩混凝土用量为 Am^3，商品混凝土到达现场后施工人员通过在导管内安放隔水球，导管顶部放置储灰斗等措施灌注了首罐混凝土，经测量导管埋入混凝土的深度为2m。

注：$\dfrac{3-1-1}{1-2}$　　桩位编号

　　　　工作日期

（第1~2天）

图 4　1#钻机、2#钻机工作进度安排示意图

📖 问题

1. 事件一中补全 2# 钻机工作区作业计划，用图 4 的形式表示。

2. 钢筋笼标识应有哪些内容？

3. 事件二中吊放钢筋笼入孔时桩顶高程定位吊环连接筋长度如何确定，用计算公式（文字）表示。

4. 按照灌注桩施工技术要求，事件三中 A 值和首罐混凝土最小用量各为多少？（不考虑导管内混凝土量）

5. 混凝土灌注前项目部质检员对到达现场商品混凝土应做哪些工作？

📄 参考答案及解析

1. 事件一中补全 2# 钻机工作区作业计划，用图 4 的形式表示。

【参考答案】

1-1承台		2-1承台		3-1承台		4-1承台		5-1承台	
1-1-1	1-1-2	2-1-1	2-1-2	3-1-1	3-1-2	4-1-1	4-1-2	5-1-1	5-1-2
15-16	5-6	13-14	3-4	1-2	13-14	11-12	3-4	9-10	1-2
1-1-3	1-1-4	2-1-3	2-1-4	3-1-3	3-1-4	4-1-3	4-1-4	5-1-3	5-1-4
19-20	11-12	17-18	9-10	7-8	17-18	7-8	19-20	5-6	15-16

1# 钻机工作区 ｜ 2# 钻机工作区

【解析】 非常新颖的题目，不过本题只要读懂题意，也不难作答。案例背景中条件"钻机工作效率（1 根桩/2d）""一座承台只能安排 1 台钻机作业""同一承台两桩施工间隙时间为 2d"。通过上述条件可知，每一个承台施工 2d 后，必须再间隔 2d 施工。本题需要注意 3-1 承台，因为受到 1# 钻机施工的影响，所以 2# 钻机在施工 3-1-2 和 3-1-4 两根桩时不能在 "5~10d" 任一时间段内进行施工。

本题答案有几十种排列方式，不过只要排列顺序满足案例背景中条件即可。例如：3-1 承台和 4-1 承台安排时间不变；5-1 承台的打桩时间可以将 5-1-1 与 5-1-4 对调，也可以将 5-1-1 与 5-1-3 对调，还可以将 5-1-3 与 5-1-4 对调。当然也可以 3-1 与 5-1 承台不变，4-1 承台打桩时每根桩施工时间进行更换。考试只要回答出符合条件的一种形式即可。

2. 钢筋笼标识应有哪些内容？

【参考答案】

钢筋笼标识应有轴线号、承台（桥台）编号、桩号、节段号；检验合格的标识牌。

【解析】 在桥梁桩基施工现场，需要提前预制灌注桩的钢筋笼。然而，如果提前预制的钢筋笼没有清晰的标识，很容易在后期使用时发生位置错误的情况。为了避免这种情况的发生，每段加工完成的钢筋笼都需要进行身份标记，类似于为其提供一个"身份证"。在本工程中，承台（桥台）位于不同的轴线位置（也可以称为里程桩号），每个轴线上都有不同的承台（桥台），每个承台上又有不同的桩，每根桩可能还会分节制作。因此，对加工完成的钢筋笼进行标识是必要的，包括轴线号、承台号、桩号、节段号等内容。

由于施工现场的钢筋笼数量庞大，加工完成后必须经过检验合格才能使用，因此现场检验合格的钢筋笼还必须悬挂检验合格的标识牌。

3. 事件二中吊放钢筋笼入孔时桩顶高程定位吊环连接筋长度如何确定，用计算公式（文字）表示。

【参考答案】

吊环连接筋长度=孔口垫木顶高程-桩顶高程-桩顶预留筋长度+焊口搭接长度

【解析】本小问与施工现场密切相关，对许多没有现场施工经验的考生来说，"桩顶高程定位吊环连接筋"这个术语可能不太熟悉。实际上，钢筋笼的底部与孔底之间存在一定距离。此外，钻孔灌注桩的桩顶部分嵌入到埋在地下的承台中，因此桩顶位置与现有地面（孔口）之间存在一定距离，需要在钢筋笼的最后一节焊接一个吊环连接钢筋，将整个钢筋笼悬挂在孔口的垫木上，如下图所示。

钢筋笼吊环连接筋

钢筋笼安装图

根据图示可知，吊环连接筋的长度是通过孔口垫木顶部高程减去桩顶高程，并减去桩顶预留钢筋的长度后，再加上搭接焊缝的长度。这类问题可能会在未来的考试中继续出现，只不过在考试中，出题人很可能会绘制出示意图，列出地面标高、垫木厚度、桩顶标高、钢筋直径、桩顶预留筋长度等信息，考生只需根据相关信息进行计算即可。

4. 按照灌注桩施工技术要求，事件三中 A 值及首罐混凝土最小用量各为多少？（不考虑导管内混凝土量）

【参考答案】

A 值：

$A=\pi R^2 h$，而 $h=$ 桩长+超灌量（超灌量为 $0.5\sim1m$）

$3.14\times0.6^2\times(18+0.5)=20.9m^3$

$3.14\times0.6^2\times(18+1)=21.5m^3$

所以 A 值为 $20.9\sim21.5m^3$

首罐混凝土最小用量：$3.14\times0.6^2\times(2+0.5)=2.83m^3$

【解析】本题的问法是"按照灌注桩施工技术要求，事件三中 A 值及首罐混凝土最小用量各为多少"，按照灌注桩的技术要求，每根混凝土灌注桩需要超灌 $0.5\sim1m$，那么混凝土灌注量也应该是一个区间。

因为题目中明确说明不考虑导管内混凝土量，所以在计算首罐混凝土用量时，只需要计算下图中 H_1+H_2 部分的混凝土量作为初灌量即可。

首灌混凝土量计算示意图

5. 混凝土灌注桩前项目部质检员对到达现场商品混凝土应做哪些工作？

【参考答案】

应做检查混凝土的开盘鉴定书；查验混凝土出厂时间、到场时间和外观；测试混凝土的坍落度；留置混凝土试块（试件）等工作。

【解析】当前施工现场基本上全部要求使用商品混凝土。然而，商品混凝土到场后不能马上进行浇筑，必须先完成以下工作后才能正式浇筑。

首先，需要查看混凝土的开盘鉴定书，以避免错用混凝土的情况发生。其次，要检查混凝土的出厂时间、到场时间和外观，主要目的是避免混凝土出厂时间过长或接近初凝时间。最后两项工作所有考生都不陌生，就是对准备浇筑的混凝土测试坍落度，并留置混凝土试块（试件）等工作。

案例 35　2017 年二建案例题一

背景资料

某公司承建一座城市桥梁。该桥上部结构为 6×20m 简支预制预应力混凝土空心板梁，每跨设置边梁 2 片，中梁 24 片；下部结构为盖梁及 φ1000mm 圆柱式墩，重力式 U 形桥台，基础均采用 φ1200mm 钢筋混凝土钻孔灌注桩。桥墩构造如下图所示。

桥墩构造示意图（单位：mm）

开工前，项目部对该桥划分了相应的分部、分项工程和检验批，作为施工质量检查、验收的基础。划分后的分部（子分部）、分项工程及检验批对照表如下。

桥梁分部（子分部）分项工程及检验批对照表（节选）

序号	分部工程	子分部工程	分项工程	检验批
1	地基与基础	灌注桩	机械成孔	54（根桩）
			钢筋笼制作与安装	54（根桩）
			C	54（根桩）
		承台	…	…
2	墩台	现浇混凝土墩台	…	…
		台背填土	…	…
3		盖梁	D	E
			钢筋	E
			混凝土	E
…	…	…	…	…

工程完工后，项目部立即向当地市场监督管理部门申请工程竣工验收，该申请未被受理。此后，项目部按照工程竣工验收规定对工程进行全面检查和整修，确认工程符合竣工验收条件后，重新申请工程竣工验收。

问题

1. 写出上图中构件 A 和桥面铺装结构层 B 的名称，并说明构件 A 在桥梁结构中的作用。
2. 列式计算上图中构件 A 在桥梁中的总数量。
3. 写出上表中 C、D 和 E 的内容。
4. 施工单位应向哪个单位申请工程竣工验收？
5. 工程完工后，施工单位在申请工程竣工验收前应做好哪些工作？

参考答案及解析

1. 写出上图中构件 A 和桥面铺装结构层 B 的名称，并说明构件 A 在桥梁结构中的作用。

【参考答案】

（1）构件 A 的名称：支座。结构层 B 的名称：黏结层（油）。

（2）构件 A（支座）的作用：将桥梁上部结构承受的荷载和变形（位移和转角）可靠地传递给桥梁下部结构，是桥梁的重要传力装置，并具备减震和抗震能力。

【解析】桥梁的结构可分为上部结构和下部结构，其中桥梁基础、墩台和盖梁属于下部结构，而桥跨结构属于上部结构。上部结构和下部结构之间的分界点就是桥梁支座，它是设置在桥跨结构与桥墩或桥台的支承位置上的传力装置。

支座的主要功能是传递上部结构的支承反力，包括来自恒载和活载所引起的竖向力和水平力。同时，支座能够确保在活载、温度变化、混凝土收缩和徐变等因素的作用下，桥梁结构能够自由变形，以使上部结构和下部结构的实际受力情况符合结构的静力图式。

桥梁支座根据其位移的可能性可以分为固定支座和活动支座。固定支座传递竖向力和水平力，允许上部结构在支座处自由旋转但不能水平移动。活动支座则只传递竖向力，允许上部结构在支座处既能自由旋转又能水平移动。活动支座可进一步分为多向活动支座（可在纵向和横向上自由移动）和单向活动支座（只能在一个方向上自由移动）。根据材料的不同，支座可以分为简易支座、钢支座、钢筋混凝土支座、橡胶支座和特种支座（如减震支座和拉力支座）等。

2. 列式计算上图中构件 A 在桥梁中的总数量。

【参考答案】

全桥空心板数量：（24+2）×6＝156 片

构件 A 的总数量：4×156＝624 个

【解析】 首先，需要了解桥梁的一项基本知识：在安装预制的 T 形梁时，通常需要使用 2 个支座，而安装预制空心板则需要 4 个支座，因为每个空心板的两个端头都需要设置 2 个支座。即使没有相关经验，也可以通过观察本题案例背景提供的图纸，直接清点每个横断面的支座数量。

案例背景中还有一个重要信息需要注意："该桥上部结构为 6×20m 简支预制预应力混凝土空心板梁，每跨设置边梁 2 片，中梁 24 片"，这意味着每个跨度桥梁需要安装 26 片空心板，整座桥梁共有 26×6＝156 片空心板。由于每片空心板有 4 个支座，因此整座桥梁共有 156×4＝624 个支座。

3. 写出上表中 C、D 和 E 的内容。

【参考答案】

（1）C 的名称：混凝土灌注。

（2）D 的名称：模板与支架。

（3）E 的内容：5（个盖梁）。

【解析】 本题考点依据《城市桥梁工程施工与质量验收规范》CJJ 2—2008 这部规范，该规范表 23.0.1 城市桥梁分部（子分部）工程与相应的分项工程、检验批对照表如下（节选）。

城市桥梁分部（子分部）工程与相应的分项工程、检验批对照表

序号	分部工程	子分部工程	分项工程	检验批
1	地基与基础	扩大基础	基坑开挖、地基、土方回填、现浇混凝土（模板与支架、钢筋、混凝土）、砌体	每个基坑
		沉入桩	预制桩（模板、钢筋、混凝土、预应力混凝土）、钢管桩、沉桩	每根桩
		灌注桩	机械成孔、人工挖孔、钢筋笼制作与安装、混凝土灌注	每根桩
		沉井	沉井制作（模板与支架、钢筋、混凝土、钢壳）、浮运、下沉就位、清基与填充	每节、座
		地下连续墙	成槽、钢筋骨架、水下混凝土	每个施工段
		承台	模板与支架、钢筋、混凝土	每个承台

续表

序号	分部工程	子分部工程	分项工程	检验批
2	墩台	砌体墩台	石砌体、砌块砌体	每个砌筑段、浇筑段、施工段或每个墩台、每个安装段（件）
		现浇混凝土墩台	模板与支架、钢筋、混凝土、预应力混凝土	
		预制混凝土柱	预制柱（模板、钢筋、混凝土、预应力混凝土）、安装	
		台背回填	填土	
3	盖梁		模板与支架、钢筋、混凝土、预应力混凝土	每个盖梁
...	...		...	...

通过该表可以得出 C 的名称是混凝土灌注，D 的名称是模板与支架。不过，案例背景中的表格与规范中的表格略有不同。根据规范，钻孔灌注桩的检验批是每根桩，而盖梁的检验批是每个盖梁。然而，在案例背景的表格中，桩的检验批表达为 54（根桩）。因此，在相应的盖梁处应按照这种格式写为×（个盖梁）。

根据案例背景中提供的信息"该桥上部结构为 6×20m 简支预制预应力混凝土空心板梁……下部结构为盖梁及 ϕ1000mm 圆柱式墩，重力式 U 形桥台"，可以得出以下结论：该桥共有 6 跨，下部结构包括 7 排墩台用于支撑，其中每侧各有一个桥台。因此，中间部分有 5 排桥墩，也就是说共有 5 个盖梁。

本题还可以延伸考点：每个桥台下有多少根钻孔灌注桩？根据案例图示，每个盖梁下有 6 个墩柱，而每个墩柱下有一根钻孔灌注桩。因此，在中间的盖梁下共计有 30 根钻孔灌注桩。而案例背景中的表格显示该工程有 54 根桩，那么两个桥台总共有 24 根桩，每个桥台下设有 12 根钻孔灌注桩。

4. 施工单位应向哪个单位申请工程竣工验收？

【参考答案】

工程完工后，施工单位向建设单位提交工程竣工报告，申请工程竣工验收。

【解析】这题中最简单的一问，属于常识的考点。即便是在备考中没有注意到教材上这句话，也可以凭借常识进行判断。本知识点也是法规教材中一个重要知识点。

5. 工程完工后，施工单位在申请工程竣工验收前应做好哪些工作？

【参考答案】

（1）施工单位自检合格，且技术档案和施工管理资料完整。

（2）提交工程竣工报告，并签署工程质量保修书。

（3）建设主管部门及市场监督管理部门责令整改的问题全部整改完毕。

【解析】工程竣工验收前的工作有很多，但题目特意强调的是施工单位应完成的工作，所以监理单位预验收、监理单位工程质量评估报告，勘察、设计单位的质量检查报告等均不是本题的采分点。

案例36　2017年二建案例题二

背景资料

某公司中标承建污水截流工程,内容有:新建提升泵站一座,位于城市绿地内,地下部分为内径5m的圆形混凝土结构,底板高程-9.0m;新敷设D1200mm和D1400mm柔性接口钢筋混凝土管道546m,管顶覆土深度4.8~5.5m,检查井间距50~80m;A段管道从高速铁路桥跨中穿过,B段管道垂直穿越城市道路,工程纵向剖面图如下图所示。场地地下水为层间水,赋存于粉质黏土、重粉质黏土层,水量较大。设计采用明挖法施工,辅以井点降水和局部注浆加固施工技术措施。

施工前,项目部进场调研发现:高铁桥墩柱基础为摩擦桩;城市道路车流量较大;地下水位较高,水量大,土层渗透系数较小。项目部依据施工图设计拟定了施工方案,并组织对施工方案进行专家论证。依据专家论证意见,项目部提出工程变更,并调整了施工方案如下:①取消井点降水技术措施;②泵站地下部分采用沉井法施工;③管道采用密闭式顶管施工。该工程变更获得建设单位的批准。项目部按照设计变更情况,向建设单位提出调整费用的申请。

📖 问题

1. 简述工程变更采用①和③措施具有哪些优越性。
2. 给出工程变更后泵站地下部分和新建管道的完工顺序,并分别给出两者的验收试验项目。
3. 指出沉井下沉和沉井封底的方法。
4. 列出设计变更后的工程费用调整项目。

📑 **参考答案及解析**

1. 简述工程变更采用①和③措施具有哪些优越性。

【参考答案】

（1）工程变更①的主要优越性：

可提前开工；还可以避免因降水引起的沉降对交通设施的不良影响和对路面的破坏，保证线路运行安全。

（2）工程变更③的主要优越性：

顶管机施工精度高；对地面交通影响小；受天气影响小；机械化程度高；有利于文明施工的控制。

【解析】取消井点降水并采用密闭式顶管的优势是显而易见的。根据案例背景提供的信息：地下水位高、水量大、土质差和低渗透系数等，我们可以得出以下分析结果，如果坚持采用降水措施，则需要相当长的时间才能将地下水位降至设计高程，而取消降水则可以提前开始施工。此外，案例背景还提到管线必须穿越城市道路和高铁桥的下部，而高铁桥的基础是摩擦桩，因此降水会导致沉降，对交通设施造成不良影响并可能损坏路面。取消降水可以避免这些问题的发生。

密闭式顶管类似于盾构施工，在以下方面具有优势：精度高、受天气影响小、对地面交通影响较小、具备较高的机械化程度等。

2. 给出工程变更后泵站地下部分和新建管道的完工顺序，并分别给出两者的验收试验项目。

【参考答案】

完工顺序：泵站地下部分沉井、封底→A段管道顶进接驳→B段管道顶进接驳。

泵站地下部分试验项目：满水试验。

A、B段管道验收试验项目：分别进行严密性试验（或闭水试验）。

【解析】一定注意本案例问的是完工顺序。在顶管施工工艺中，不管是敞开式顶管还是密闭式顶管，都需要从始发井开始顶进，接收井到达，为提高工作效率，顶管工程始发井通常会先向一侧顶进完成，然后在顶管坑内掉头，再向另一侧顶进，所以顶管坑的始发井必须在顶管工程开始前完成，而本工程沉井即为顶管坑，所以它必须最先完成。A、B管段顶管施工顺序应该遵循先深后浅的原则，先施工A管段的顶管与接驳，再施工B管段。

本题试验一问稍有瑕疵，命题者这里想考核的应该是构筑物的满水试验和排水管道的闭水试验，而管道是密闭式顶管，而且有地下水，闭水试验的条件不满足，假如本案例中管道直径1500mm以上，那么可以用内渗法做管道的严密性试验。

3. 指出沉井下沉和沉井封底的方法。

【参考答案】

沉井下沉采用不排水下沉；沉井封底采用水下封底。

【解析】在本工程环境中，地下水位较高，并且决定取消降水。因此，采用不排水下沉的方式进行沉井施工是最佳选择，而水下封底是实现不排水下沉的有效方法之一。有些考生在回答这道题时没能给出正确答案，可能是因为他们觉得这道题目太简单而过度复杂化了问题。然而，每年的考试中总会有一些容易得分的题目，对于这些"送分题"，我们应该避免过度思考，直接给出正确答案即可。

4. 列出设计变更后的工程费用调整项目。

【参考答案】

（1）减少费用：井点施工和运行费用；土方开挖回填施工费用；道路、绿地占用和恢复费用。

（2）增加费用：沉井制作、下沉施工费用；顶管机械使用费用；调整顶管施工专用管材与普通承插柔性接口管材价差。

【解析】一建2012年曾经考核过类似的考点，这类题目需要对施工工艺基本明白，如果不明白工艺，就不可能知道有哪些具体的费用，更无从谈起哪些费用增加、哪些费用减少了。即便对工艺不是十分了解，只要熟读案例背景，也可以从案例背景中找到一些蛛丝马迹，既然取消降水，那么降水井点的施工及在施工过程中抽水的费用就可以减少了。既然是不开槽施工，那么土方施工的费用就可以减少，即便不知道顶管施工的具体步骤，但是顶管的机械费用还是比较容易想到。而且原施工方案是开槽施工，涉及占用和破坏城市绿地，那么占路、占绿地和道路、绿地的恢复费用就要减少了。这些点基本上可以通过熟读案例背景分析得出。

案例 37　2017 年二建案例题三

背景资料

某公司承建一项天然气管道工程，全长 1380m，公称外径 DN110mm，采用聚乙烯燃气管道（SDR11PE100），直埋敷设，热熔连接。

工程实施过程中发生如下事件：

事件一：开工前，项目部对现场焊工的执业资格进行检查。

事件二：管材进场后，监理工程师检查发现聚乙烯直管现场露天堆放，堆放高度达1.8m，项目部既未采取安全措施，也未采用棚护。监理工程师签发通知单要求项目部进行整改，并按下表所列项目及方法对管材进行检查。

聚乙烯管材进场检查项目及检查方法表

检查项目	检查方法
A	查看资料
检测报告	查看资料
使用聚乙烯原材料级别和牌号	查看资料

续表

检查项目	检查方法
B	目测
颜色	目测
长度	量测
不圆度	量测
外径及壁厚	量测
生产日期	查看资料
产品标志	目测

事件三：管道焊接前，项目部组织焊工进行现场试焊，试焊后，项目部相关人员对管道连接接头的质量进行了检查，并依据检查情况完善了焊接作业指导书。

问题

1. 事件一中，本工程管道焊接的焊工应具备哪些资格条件？

2. 事件二中，指出直管堆放的最高高度应为多少米，并应采取哪些安全措施？管道采用棚护的主要目的是什么？

3. 写出上表中检查项目 A 和 B 的名称。

4. 事件三中，指出热熔对接连接工艺评定检验与试验项目有哪些？

5. 事件三中，聚乙烯管道连接接头质量检查包括哪些项目？

参考答案及解析

1. 事件一中，本工程管道焊接的焊工应具备哪些资格条件？

【参考答案】

（1）经过专门培训，并经考试合格（或具有相应资格证书）。

（2）间断安装时间超过 6 个月，再次上岗前应重新考试和技术评定。

【解析】一建 2011 年曾经考核过类似的考点，只不过当时是焊接钢管的焊工，这里是焊接热熔管道的焊工，其实大同小异。但是不要完全照搬钢制管道焊接焊工的内容，例如这里绝不要再写动火证等相关的内容。

2. 事件二中，指出直管堆放的最高高度应为多少米，并应采取哪些安全措施？管道采用棚护的主要目的是什么？

【参考答案】

（1）堆放的最高高度应为 1.5m。

（2）应采取防止直管滚动的安全保护措施，如管材分层交叉码放、梯形码放、货架存放或两侧加支撑保护的矩形堆放。

（3）棚护的目的：防止暴晒（或紫外线的照射），减缓管材老化现象的发生。

【解析】本题在一个问题中，设置了三个小问题。这种考法每个小问的分值注定不会太高。为了避免PE管滚动，可以采取以下措施进行管道存放：一是将管道分层交叉码放或堆叠成梯形形状；二是将其存放在固定的货架上；三是采用两侧加支撑的矩形码放。这样的存放方式都可以有效防止管道滚动。需要注意的是，PE管属于化学管材，阳光或紫外线长时间照射会导致管材老化，因此需要采用棚护措施对管材进行保护。

交叉码放　　　　　　　　　　　　　梯形码放

货架存放　　　　　　　　　两侧加支撑保护的矩形码放

3. 写出上表中检查项目 A 和 B 的名称。

【参考答案】

检验项目A的名称：检验合格证；检验项目B的名称：外观。

【解析】材料进场后的检查与验收是建造师考试中的高频考点。考试形式包括对材料外观检查、资料（证书）检查、见证取样以及材料存放要求。在本题的表格中，检查项目A属于材料资料（证书）检查范畴，其中必不可少的内容包括材料的检验合格证和检测报告。因此，本题中的检查项目A应该是指检验合格证。

材料外观检查通常采用目测的方式进行。在表格中，检查项目B对应的内容即为外观检查。如果进一步考核PE管管道的外观要求，可以回答如下：管道应保持顺直，管道的内外壁应平整，不得有破损、划痕、凹陷或任何妨碍安装的缺陷。

4. 事件三中，指出热熔对接连接工艺评定检验与试验项目有哪些?

【参考答案】

聚乙烯管道热熔对接连接工艺的评定检验与试验项目：拉伸性能试验、耐压（静液压）强度试验。

【解析】此知识点考核内容为《聚乙烯燃气管道工程技术标准》CJJ 63—2018，管道连接的一般规定如下：

　　5.1.7　聚乙烯燃气管道连接完成后，应按本标准第5.2节和第5.3节的有关规定进行接头质量检查。不合格应返工，返工后应重新进行接头质量检查。当对焊接质量有争议时，应按表5.1.7-1～表5.1.7-3的规定进行检验。

表5.1.7-1　热熔对接焊接的检验与试验要求

序号	检验与试验项目	检验与试验参数	检验与试验要求	检验与试验方法
1	拉伸性能	23℃±2℃	试验到破坏为止： （1）韧性，通过。 （2）脆性，不通过	《聚乙烯（PE）管材和管件热熔对接接头拉伸强度和破坏形式的测定》GB/T 19810
2	耐压（静液压）强度试验	（1）密封接头，A型。 （2）方向，任意。 （3）试验时间，165h。 （4）环应力：①PE80，4.5MPa；②PE100，5.4MPa。 （5）试验温度，80℃	焊接处无破坏，无渗漏	《流体输送用热塑性塑料管道系统 耐内压性能的测定》GB/T 6111

　　5. 事件三中，聚乙烯管道连接接头质量检查包括哪些项目？

　　【参考答案】

　　连接接头质量检查的项目应包括：卷边（翻边）对称性、接头对正性（或错边量）、卷边（翻边）切除。

　　【解析】注意本题的背景信息是"试焊后，项目部相关人员对管道连接接头的质量进行了检查"，因此这里考核的检查项目主要是针对焊接完成的管道焊缝，而不包括对接口的一系列检查。针对PE管焊接后的管道焊缝，应进行以下几个项目的检查：焊接的卷边（翻边）对称性、接头对正性（或错边量）及卷边（翻边）切除。此外，本题还可以进一步考核卷边（翻边）切除后的要求，可以回答如下：卷边切除后的切面不应夹有杂质、小孔、扭曲和损坏，切面中线附近不应有开裂或裂缝，并且接缝处不得露出熔合线。

案例38　2017年二建案例题四

背景资料

　　某盾构工程，其中工作井的平面尺寸为18.6m×18.8m，深28m，位于砂性土、卵石地层，地下水埋深为地表以下23m。施工影响范围内有现状给水、雨水、污水等多条市政管线。盾构工作井采用明挖法施工，围护结构为钻孔灌注桩加钢支撑，盾构工作井周边设降水管井。设计要求基坑土方开挖分层厚度不大于 1.5m，基坑周边 2～3m 范围内堆载不大于 30MPa，地下水位需在开挖前 1 个月降至基坑底以下 1m。

项目部编制的施工组织设计有如下事项：

（1）施工现场平面布置如下示意图所示，布置内容有施工围挡范围 50m×22m，东侧围挡距居民楼 15m，西侧围挡与现状道路步道路缘平齐；搅拌设施及堆土场设置于基坑外缘 1m 处；布置了临时用电、临时用水等设施；场地进行硬化等。

（2）考虑盾构工作井基坑施工进入雨期，基坑围护结构上部设置挡水墙，防止水浸入基坑。

（3）基坑开挖监测项目有地表沉降、道路（管线）沉降、支撑轴力等。

（4）应急预案分析了基坑土方开挖过程中可能引起基坑坍塌的因素，包括钢支撑架设不及时、未及时喷射混凝土支护等。

盾构工作井施工现场平面布置示意图（单位：m）

问题

1. 基坑施工前有哪些危险性较大的分部分项工程的安全专项施工方案需要组织专家论证?

2. 施工现场平面布置图还应补充哪些临时设施? 请指出布置不合理之处。

3. 施工组织设计（3）中基坑监测还应包括哪些项目?

4. 基坑坍塌应急预案还应考虑哪些危险因素?

参考答案及解析

1. 基坑施工前有哪些危险性较大的分部分项工程的安全专项施工方案需要组织专家论证?

【参考答案】

施工前有以下分部分项工程需要组织专家论证：盾构工作井的基坑降水工程、基坑土方开挖工程、基坑支护工程、龙门吊起重设备安装和拆卸工程、盾构工程。

【解析】 基坑工程比较容易理解，不过关于盾构工程本身就是属于地下暗挖，需要进行专家论证，而且盾构井设置的龙门吊需要吊装大型的盾构机，所以起重量要大于 30t，需要组织专家论证。

2. 施工现场平面布置图还应补充哪些临时设施? 请指出布置不合理之处。

【参考答案】

（1）还要补充：

① 大门出入口洗车池、沉淀池和排水沟。

② 消防设施及五牌一图。

③ 垂直提升设备、水平运输设备。

④ 料具间、机修间、管片堆放场、防雨棚等。

（2）不合理的地方有：

① 搅拌设施和堆土场与工作井的距离不满足设计要求。

② 砂、石料场紧挨围挡内侧。

③ 砂、石料场未与搅拌设施放在一起。

④ 空压机设在居民区一侧。

⑤ 钢筋加工厂与钢筋存放场地位置颠倒。

【解析】 本小题是当前典型的图形找错题目，对于这一类题目很多答案可以在案例背景中找出来。对于这种题目的一个宗旨就是图上画出来的内容可以认为都有问题，然后本着这些内容检查画得对不对，如果是对的，再看全不全。或者，这一类题目就是原来考试中文字描述案例题中的改错和补充题目的变形。

3. 施工组织设计（3）中基坑监测还应包括哪些项目？

【参考答案】

还应包括：支护桩顶部水平位移；支护桩顶部竖向位移；支护桩体水平位移；立柱结构竖向位移；立柱结构水平位移；竖井井壁支护结构净空收敛；地下水位；居民楼沉降、倾斜和裂缝。

【解析】 关于基坑监测项目的内容，近年来一、二建市政专业的教材进行了多次变化，并且现在一、二建依据的规范也不完全相同。本题的答案是根据二建市政最新版教材及案例背景进行回答的。

根据二建市政教材，基坑监测依据《城市轨道交通工程监测技术规范》GB 50911—2013进行。在该规范中规定，基坑开挖深度大于或等于20m为一级基坑。而本题案例背景中的基坑开挖深度为28m，因此属于一级基坑。

该规范对一级基坑的应测项目包括：支护桩（墙）、边坡顶部水平位移；支护桩（墙）、边坡顶部竖向位移；支护桩（墙）体水平位移；立柱结构竖向位移；立柱结构水平位移；支撑轴力；锚杆拉力；地表沉降；竖井井壁支护结构净空收敛；地下水位。选测项目包括：支护桩（墙）结构应力；立柱结构应力；顶板应力；土钉拉力；土体深层水平位移；土体分层竖向位移；坑底隆起（回弹）；孔隙水压力；支护桩（墙）侧向土压力。

根据案例背景，基坑采用钻孔灌注桩加钢支撑作为支护结构，基坑尺寸为18.6m×18.8m，属于大断面基坑，在支撑下方应设置立柱，所以基坑的钻孔灌注桩围护结构、钢支撑、支撑立柱为主要监测对象，监测项目围绕着以上监测对象展开。当前考试形式一般只考核基坑监测的应测项目，不考核选测项目。因此，除了案例背景中提到的支撑轴力和地表沉降，还需要从应测项目中选择其他8项进行回答。然而，案例背景中并未提及围护结构采用锚杆，因此也无需回答锚杆拉力这一项。

本工程施工环境中有道路、管线和居民楼，且案例背景中对道路和管线的沉降进行了监测，因此在回答监测项目时，也应考虑到施工环境中居民楼的监测。其监测项目无外乎是居民楼的沉降、倾斜和裂缝等内容。

4. 基坑坍塌应急预案还应考虑哪些危险因素？

【参考答案】

还应考虑：

（1）每层开挖深度超出设计要求。

（2）基坑周边堆载超限或行驶的车辆距离基坑边缘过近。

（3）支撑中间立柱不稳。

（4）基坑周边长时间积水。

（5）基坑周边给排水现况管线渗漏。

（6）降水措施不当引起基坑周边土粒流失。

【解析】 对于基坑失稳坍塌这一类题目，需要从影响基坑的几个因素入手，即坑边的荷载、降排水、暴露时间、开挖深度。另外，需要注意基坑尺寸为18.6m×18.8m，如果采用钢管支撑，则需要在竖向的支撑下面设置钢格构柱，那么钢格构柱的稳定也是影响基坑的主要因素。

案例39 2016年二建案例题二

背景资料

某公司承建城市桥区泵站调蓄工程，其中调蓄池为地下式现浇钢筋混凝土结构，混凝土强度等级C35，池内平面尺寸为62.0m×17.3m，筏板基础。场地地下水类型为潜水，埋深6.6m。设计基坑长63.8m，宽19.1m，深12.6m，围护结构采用φ800mm钻孔灌注桩排桩+2道φ609mm钢支撑，桩间挂网喷射C20混凝土，桩顶设置钢筋混凝土冠梁。基坑围护桩外侧采用厚度700mm止水帷幕，如下图所示。

调蓄池结构与基坑围护断面图（单位：结构尺寸为mm，高程为m）

施工过程中，基坑土方开挖至深度8m处，侧壁出现渗漏，并夹带泥沙；迫于工期压力，项目部继续开挖施工；同时安排专人巡视现场，加密地表沉降、桩身水平变形等项目的监测频率。

按照规定，项目部编制了模板支架及混凝土浇筑专项施工方案，拟在基坑单侧设置泵车浇筑调蓄池结构混凝土。

📖 问题

1. 列式计算池顶模板承受的结构自重分布荷载 q（kN/m²），混凝土重度（旧称容重）$\gamma = 25$kN/m³；根据计算结果，判断模板支架安全专项施工方案是否需要组织专家论证，说明理由。

2. 计算止水帷幕在地下水中的高度。

3. 指出基坑侧壁渗漏后，项目部继续开挖施工存在的风险。

4. 指出基坑施工过程中风险最大的时段，并简述稳定坑底应采取的措施。

5. 写出上图中细部构造 A 的名称，并说明其施工要求。

📝 参考答案及解析

1. 列式计算池顶模板承受的结构自重分布荷载 q（kN/m²），混凝土重度（旧称容重）$\gamma = 25$kN/m³；根据计算结果，判断模板支架安全专项施工方案是否需要组织专家论证，说明理由。

【参考答案】

（1）顶板模板承受结构自重分布荷载：$q = 25$kN/m³ × 0.6m = 15kN/m²。

（2）模板支架安全专项施工方案需要组织专家论证。

理由：顶板模板承受的总分布荷载 $q > 15$kN/m²，依据建办质〔2018〕31 号文件规定，属于超过一定规模的危险性较大的分部分项工程。

【解析】根据建办质〔2018〕31 号文件的规定，施工总荷载达到 15kN/m² 及以上的混凝土模板支撑工程需要组织专家进行论证。施工总荷载包括混凝土的自重分布荷载以及模板、施工人员和机具等荷载。换句话说，施工总荷载必定大于混凝土的自重分布荷载。混凝土结构的自重分布荷载计算只与混凝土的重度（密度）和板厚有关，即 q（自重分布荷载）= h（板厚）× γ（混凝土重度）。将本题中的数值代入计算，即 $q = h \times \gamma = 0.6$m × 25kN/m³ = 15kN/m²，因此需要组织专家进行论证。

2. 计算止水帷幕在地下水中的高度。

【参考答案】

止水帷幕在地下水中的高度为：19.90 −（26.5 − 17.55）= 10.95m

或 17.55 − 6.60 = 10.95m

或 19.90 − 14.90 + 1.0 + 4.95 = 10.95m

【解析】潜水，埋藏在地表以下第一稳定隔水层之上，具有自由表面的重力水。潜水的自由表面称为潜水面，潜水面的绝对标高称为潜水位，潜水面距地面的距离称为潜水埋藏深度，即地下水埋深。在图上 19.90 这个数字就是地下水位的高程，另外通过计算，也可以计算出来 26.5 − 6.6 = 19.90。本题考核一个知识点是绝对标高，另一个就是考核看图的仔细程度。

3. 指出基坑侧壁渗漏后，项目部继续开挖施工存在的风险。

【参考答案】

可能风险：造成围护结构后背土体流失，导致地面或周边构筑物沉降过大（或超标），产生基坑失稳（或围护结构倾覆）。

【解析】 基坑渗漏是深基坑开挖过程中的质量通病，因此在实际施工中通常将其作为一个质量控制要点进行管理。基坑渗漏若不及时处理，可能会导致整个基坑围护结构朝着渗漏的一侧倾斜，进而引发基坑坍塌。在考试中，这类问题通常属于分析题目，要求运用所学的基坑开挖相关知识进行分析和推断。例如本题中基坑侧壁渗漏以后，推导因为基坑渗漏可能带来的风险，已经成为当前考试中的一个主流方向。

4. 指出基坑施工过程中风险最大的时段，并简述稳定坑底应采取的措施。

【参考答案】

风险最大时段为：土方开挖到坑底至底板混凝土浇筑前。

坑底稳定措施：加深围护结构入土深度、坑底土体加固、坑内井点降水等措施，并适时（及时）施作底板结构。

【解析】 在基坑施工过程中，随着深度增加，风险不断加大。尤其是在土方开挖至坑底但尚未施作底板的时段，风险达到最大值。此时，基坑面临的主要风险包括坑底土体的隆起、坑底突涌、围护结构变形以及周围地表沉降等因素。

5. 写出上图中细部构造 A 的名称，并说明其施工要求。

【参考答案】

（1）构造 A 的名称：带止水钢板（或止水带）的施工缝。

（2）施工要求：

① 止水钢板（止水带）安装应居中、垂直、平稳、牢固，接头搭接不小于 20mm，且双面焊接。

② 浇筑混凝土前，将其表面浮浆和杂物清除，然后铺设净浆、涂刷混凝土界面处理剂或水泥基渗透结晶型防水涂料，再铺 30~50mm 厚的与结构混凝土成分相同的水泥砂浆。

【解析】 二建市政专业已经删除了给排水构筑物的相关知识点，但是底板与侧墙位置的施工缝属于通用知识点，不管是施工缝中的止水钢板安装要求，还是浇筑混凝土前对施工缝的处理，在地铁车站中均可涉及。

案例 40　2016 年二建案例题三

背景资料

某公司承建城市道路改扩建工程，工程内容包括：①在原有道路两侧各增设隔离带、非机动车道及人行道。②在北侧非机动车道下新增一条长 800m 直径为 DN500mm 的雨水主管道，雨水口连接支管直径为 DN300mm，管材均采用 HDPE 双壁波纹管，胶圈柔性接口；主管道两端接入现状检查井，管底埋深为 4m，雨水口连接管位于道路基层内。③在原有机动车道上加铺厚 50mm 改性沥青混凝土上面层，道路横断面布置如下图所示。

道路横断面布置示意图（单位：m）

施工范围内土质以硬塑粉质黏土为主，土质均匀，无地下水。

项目部编制的施工组织设计将工程项目划分为三个施工阶段：第一阶段为雨水主管道施工；第二阶段为两侧隔离带、非机动车道、人行道施工；第三阶段为原机动车道加铺沥青混凝土面层。

同时编制了各施工阶段的施工技术方案，内容有：

（1）为确保道路正常通行及文明施工要求，根据三个施工阶段的施工特点，在图中 A、B、C、D、E、F 所示的 6 个节点上分别设置各施工阶段的施工围挡。

（2）主管道沟槽开挖由东向西按井段逐段进行，拟定的槽底宽度为 1600mm、南北两侧的边坡坡度分别为 1∶0.50 和 1∶0.67，采用机械挖土，人工清底；回用土存放在沟槽北侧，南侧设置管材存放区，弃土运至指定存土场地。

（3）原机动车道加铺改性沥青路面施工，安排在两侧非机动车道施工完成并导入社会交通后，整幅分段施工，加铺前对旧机动车道面层进行铣刨、裂缝处理、井盖高度提升、清扫、喷洒（刷）粘层油等准备工作。

📖 问题

1. 本工程雨水口连接支管施工应有哪些技术要求？
2. 用示意图中所示的节点代号，分别写出三个施工阶段设置围挡的区间。
3. 写出确定主管道沟槽底开挖宽度及两侧槽壁放坡坡度的依据。
4. 现场土方存放与运输时应采取哪些环保措施？
5. 加铺改性沥青面层施工时，应在哪些部位喷洒（刷）粘层油？

📄 参考答案及解析

1. 本工程雨水口连接支管施工应有哪些技术要求？

【参考答案】

（1）定位放线后破除道路结构层、开挖沟槽后铺砂基础。

（2）管口涂抹润滑剂后安装，并保证其直顺、稳定。

（3）承口朝向雨水口（来水）方向且坡度符合设计要求。

（4）支管应作强度等级 C25 的混凝土全（360°）包封，且在包封混凝土达到设计强度 75%前不得放行交通。

【解析】 本题目非常接近施工现场，需要有一定的现场施工经验和常识。

本工程中非机动车道、隔离带、人行步道及雨水主管道均为新增工程，而原机动车道为既有工程，只需最后在其表面加铺 50mm 改性沥青混凝土面层。正常的道路断面形式皆是中间高两边低，所以雨水口的位置都设在道路两边的路缘石根部，而本工程中原机动车道未设置雨水主管线和雨水口及连接管，在增设雨水主管线后也需要在原机动车道两边对应位置增加雨水口及连接支管。由图可知，雨水口位置需设置在 B、E 位置，所以本次施工的雨水口连接支管需修建在原机动车道下面。对于雨水口连接支管施工的技术要求需从支管上面的道路破除、开挖、垫层、安管、管道保护几个方向简述。

另外，本案例中背景介绍采用的是 HDPE 双壁波纹管，管道强度较差，所以施工中需要对管底铺一层中粗砂，管道安装前检查管道、密封橡胶圈、涂抹润滑剂、承口对着来水方向等属于承插口管道施工的常识。而管道安装平直、通顺、稳定、牢固，坡度符合规范要求是管道安装工艺的总体要求，照套路回答即可。

2. 用示意图中所示的节点代号，分别写出三个施工阶段设置围挡的区间。

【参考答案】

第一阶段围挡设置区间为 AC；第二阶段围挡设置区间为 AC 和 DF；第三阶段围挡设置区间为 BE。

【解析】 在本题中，第二阶段和第三阶段施工围挡的设置区间几乎没有争议。然而，第一阶段围挡设置在 AB 区间还是 AC 区间存在不同的回答。根据案例背景资料显示，沟槽的南侧设置了管材存放区。如果围挡设置在 AB 区间，将很难满足管材堆放的要求。此外，BC 区间被用作施工便道，将施工便道设置在围挡外侧可能会对社会交通造成影响。综合考虑这些因素，可以得出第一阶段围挡应设置在 AC 区间的结论。

3. 写出确定主管道沟槽底开挖宽度及两侧槽壁放坡坡度的依据。

【参考答案】

（1）槽底宽度开挖宽度的依据：槽底宽度应符合设计要求；当设计无要求时，可按经验公式计算确定（管道外径、工作面、基础模板厚度）。

（2）确定边坡坡度的依据：土的类别、沟槽深度、地下水位、荷载情况，以及沟槽暴露时间等因素。

【解析】 在回答本题时，很难准确揣摩到命题人的考核意图。根据教材，槽底宽度应符合设计要求。若设计中无要求时，可按照经验公式进行计算以确定槽底宽度。此外，也可以从管道外径、工作面、基础模板厚度等具体内容的角度进行回答。这些因素都会对槽底宽度产生影响。当无法确定应从哪个角度回答时，可以尽量将这两个角度都展示出来，以全面回答问题。这样可以覆盖更多的可能性，符合题目的要求。

需要注意第二小问是"两侧槽壁放坡坡度的依据"。根据案例背景，南北两侧的边坡坡度分别为1∶0.50和1∶0.67，这是因为回用土被存放在沟槽的北侧，而南侧则设置了管材存放区，考虑到本工程所使用的管材为直径仅为500mm的HDPE双壁波纹管，说明南北两侧承受的荷载不同，因此边坡的坡度也不同。所以，荷载情况是确定边坡坡度的一个重要依据。此外，教材中还提到了确定沟槽边坡坡度的其他依据，如土的类别、沟槽深度和地下水位等。另外，沟槽施工的暴露时间也是确定边坡坡度的一个因素，即从沟槽开挖到回填之间的时间间隔。如果时间间隔较长，边坡的坡度应适度放缓，而如果时间间隔较短，边坡的坡度可以适当陡一些。

4. 现场土方存放与运输时应采取哪些环保措施？

【参考答案】

（1）现场存放土方：现场洒水降尘；存土及时覆盖，如时间较长，可进行绿化、固化或硬化处理。

（2）外运土方：门口设冲洗池和吸湿垫；运输车辆封闭苫盖（覆盖），拐弯、上坡路段需减速慢行；有遗撒，派专人清扫（清理）。

【解析】 建造师考试中环保文明施工是许多专业都喜欢考核的内容。在市政专业教材中，对环保文明施工的介绍可能有些冗长，主要包括防治大气污染、液体污染、固体废弃物污染、噪声污染和照明（光）污染等方面。在建筑和机电专业中，夜间施工是一个常见的考核点，主要关注噪声污染和照明（光）污染的内容。而在市政专业中，更侧重于大气污染和固体废弃物污染的考核，重点体现在土方的存储和运输措施上。相关题目的评分点通常包括洒水、覆盖、硬化、绿化、固化、洗车池、冲洗车辆、苫盖和清理等。

5. 加铺改性沥青面层施工时，应在哪些部位喷洒（刷）粘层油？

【参考答案】

喷洒（刷）粘层油的部位：铣刨后的面层表面、路缘石（侧石）与沥青接触的侧面、检查井和雨水口侧面。

【解析】 根据案例提供的背景信息，旧机动车道面层需要进行铣刨和井盖高度提升等工作。此外，案例图形显示机动车道两侧有路缘石（侧石）。基于这些信息，为了确保新铺装的改性沥青与路缘石、检查井、雨水口等侧面接触部位以及铣刨后的道路表面之间的黏附性，需要进行粘层油的喷洒或涂刷。

案例41　2016年二建案例题四

背景资料

A公司承建中水管道工程，全长870m，管径DN600mm，管道出厂由南向北垂直下穿快速路后，沿道路北侧绿地向西排入内湖，管道覆土3.0~3.2m；管材为碳素钢管，防腐层在工厂内施作。施工图设计建议：长38m下穿快速路的管段采用机械顶管法施工混凝土套管，其余管段全部采用开槽法施工。施工区域土质较好，开挖土方可用于沟槽回填，施工时可不考虑地下水影响。依据合同约定，A 公司将顶管施工分包给 B 专业公司，开槽段施工从西向东采用流水作业。

施工过程发生如下事件：

事件一，质量员发现个别管段沟槽胸腔回填存在采用推土机从沟槽一侧推土入槽不当施工现象，立即责令施工队停工整改。

事件二，由于发现顶管施工范围内有不明管线，B 公司项目部征得 A 公司项目负责人同意，拟改用人工顶管方法施工混凝土套管。

事件三，质量安全监督部门例行检查时，发现顶管坑内电缆破损较多，存在严重安全隐患，对 A 公司和建设单位进行通报批评；A 公司对 B 公司处以罚款。

事件四，受局部拆迁影响，开槽施工段出现进度滞后局面，项目部拟采用调整工作关系的方法控制施工进度。

问题

1. 分析事件一中施工队不当施工可能产生的后果，并写出正确做法。

2. 事件二中，机械顶管改为人工顶管时，A 公司项目部应履行哪些程序？

3. 事件三中，A 公司对 B 公司的安全管理存在哪些缺失？A 公司在总分包管理体系中应对建设单位承担什么责任？

4. 简述调整工作关系方法在本工程的具体应用。

参考答案及解析

1. 分析事件一中施工队不当施工可能产生的后果，并写出正确做法。

【参考答案】

（1）可能产生的后果：造成回填时管道侧移（偏离设计位置）和变形；推入土层过厚，不能保证回填土的压实度（回填土压实度不合格）。

（2）正确做法：应由人工从沟槽两侧对称、分层回填压实；控制回填土的厚度和管道两侧高差。

【解析】在本案例中，施工单位采用推土机从一侧推土回填，这种方式存在以下问题：首先，无法确保每层回填土的厚度，也无法保证土方的压实度；其次，一次性推入大量土方会导致管道发生侧移现象，如果大量土方直接压在管道上，还可能导致管道变形。

本题要求写出"事件一中施工队不当施工可能产生的后果"，这些并不是教材或规范中所提及的内容。施工与验收规范通常规定了施工过程的操作方法，但很少解释为什么需要这样操作。然而，在二建市政考试中，这种考题经常出现，用来考核考生的分析能力。

2. 事件二中，机械顶管改为人工顶管时，A 公司项目部应履行哪些程序？

【参考答案】

（1）向建设单位提出变更申请。

（2）依据设计变更编制人工顶管安全专项施工方案，并对专项施工方案进行重新论证。

（3）遵照有关规定，应向道路权属部门重新办理下穿道路手续。

【解析】 本小问是一道综合管理类题目。对于将原计划采用的机械顶管方法改为人工顶管方法，项目部需要执行以下程序：首先，进行设计变更；其次，由于机械顶管变更为人工顶管，这属于专项方案的重大变更，需要编制适用于人工顶管的专项方案，并组织专家进行论证；最后，由于人工顶管与机械顶管对道路的影响存在差异，因此在实施前还需要与道路权属部门重新办理下穿道路的手续。

3. 事件三中，A 公司对 B 公司的安全管理存在哪些缺失？A 公司在总分包管理体系中应对建设单位承担什么责任？

【参考答案】

（1）安全管理缺失：A 公司未对进场电气设备安全验收、施工过程未进行安全检查，以罚代管。

（2）A 公司应承担的责任：A 公司应向建设单位承担分包安全管理连带责任。

【解析】 "以罚代管"是当前施工中总、分包普遍存在的不合理做法。因此，本题中 A 公司对 B 公司的安全管理缺失中，一个重要问题就是采用了"以罚代管"的方式。此外，在质量安全监督部门进行例行检查时，发现顶管坑内电缆破损较多，这证明 A 公司在施工前没有对进场电气设备进行安全验收，并且在施工过程中也未进行安全检查。

"A 公司在总分包管理体系中应对建设单位承担什么责任"，这是二建市政专业考试中经常出现的问题。在考试中，只要写出连带责任，就可以获得该题目的分数。

4. 简述调整工作关系方法在本工程的具体应用。

【参考答案】

（1）缩短施工段，并将不受拆迁影响的施工段先施工。

（2）受拆迁影响位置的管道在挖沟槽前进行焊接与焊缝检查，待沟槽开挖完成后将管道整体吊放入沟槽内，即可进行下道工序施工。

【解析】 本小题要求简述调整工作关系方法在本工程的具体应用。在正常的焊接钢管施工中，通常包括挖沟槽、下管、对口焊接、焊口检查、功能性试验、焊口防腐和回填等工序。沟槽开挖是后续工作的前提条件，若无法按计划开挖沟槽，后续工作将受到影响。然而，在实际施工中可能会遇到拆迁等情况，导致无法按计划开挖沟槽。想要解决这个问题，可以考虑通过调整工作关系的方法来进行改进。

具体而言，可以先将计划在沟槽中进行焊接作业的管线提前在地面上焊接完成，然后进行焊口的检查拍片、功能性试验和焊口防腐等工作。待拆迁工作完成后，再开挖沟槽，并利用多台吊车将已焊接完成的管道整体放置于沟槽中，然后进行后续工作。这样可以将受沟槽开挖影响的施工工序全部提前到沟槽开挖前进行，从而大大节省时间。

案例 42　2015 年二建案例题二

背景资料

某公司承建的市政桥梁工程中，桥梁引道与现有城市次干道呈 T 形平面交叉，次干道路堤采用植草防护；引道位于种植滩地，线位上距离拟建桥台 15m 现存池塘一处（长 15m，宽 12m，深 1.5m）；引道两侧边坡采用挡土墙支护：桥台采用重力式桥台，基础为直径 120cm 混凝土钻孔灌注桩。引道纵断面如图 1 所示，挡土墙横截面如图 2 所示。

图 1　引道纵断面示意图

（标高单位为 m；尺寸单位为 cm）

图 2　挡土墙横断面示意图

项目部编制的引道路堤及桥台施工方案有如下内容：

（1）桩基泥浆池设置于台后引道滩地上（图1），公司现有如下桩基施工机械可供选用：正循环回转钻、反循环回转钻、潜水钻、冲击钻、长螺旋钻机、静力压桩机。项目部准备采用反循环回转钻进行成孔。

（2）引道路堤在挡土墙及桥台施工完成后进行，路基用合格的土方从现有城市次干道直接倾倒入路基后，用推土机运输后摊铺碾压。施工工艺流程图如图3所示。

图3 引道路堤施工工艺流程图

监理工程师在审查施工方案时指出：施工方案（2）中施工组织存在不妥之处；施工工艺流程图存在较多缺漏和错误，要求项目部改正。

在桩基施工期间，发生一起行人滑入泥浆池事故，但未造成伤害。

📖 问题

1. 施工方案（1）中，项目部做法有何不妥？说明理由。

2. 指出施工方案（2）中引道路堤填土施工组织存在的不妥之处，并改正。

3. 结合图1，补充并改正施工方案（2）中施工工艺流程的缺漏和错误之处。（用文字叙述）

4. 图2所示挡土墙属于哪种结构形式（类型）？写出图2中构造A的名称，简述其功用。

5. 针对"行人滑入泥浆池"的安全事故，指出桩基施工现场应采取哪些安全措施？

📋 参考答案及解析

1. 施工方案（1）中，项目部做法有何不妥？说明理由。

【参考答案】

（1）采用反循环回转钻机成孔不妥。

理由：由图1可见，桩基础部分穿过中风化岩，进入微风化岩，应采用冲击钻机成孔。

（2）单独开挖泥浆池不妥。

理由：应利用现有的池塘作为泥浆池，减少施工作业量，降低施工成本。

【解析】市政专业经常考核根据现场条件选择施工方法或施工机械。本题第一小问要求根据图形判断所需的桩基施工机械。从图 1 可以得知,强风化岩与中风化岩的分界点为 15.86m,中风化岩与微风化岩的分界点为 7.96m,桩底标高为 5.4m。因此,桩身有 10m 多的位置位于中风化岩和微风化岩之间。针对坚硬的岩层,应选择冲击钻进行成孔。本题第二小问涉及合理利用现场设施的问题。案例背景中指出距离桩基 15m 处有一个现有池塘,在施工过程中应对该池塘进行处理,将其作为桩基泥浆池,以减少开挖和回填的工作量。这种根据施工现场条件出题的形式是市政专业考试的主要趋势之一,对此类型的题目应进行深入研究。

2. 指出施工方案(2)中引道路堤填土施工组织存在的不妥之处,并改正。

【参考答案】

(1) 从现有城市次干道直接将土倒入路基不妥。

正确做法:土方运至不影响现况交通的滩地倾倒。

(2) 用推土机运输后摊铺碾压不妥。

正确做法:土方应按里程桩号分开堆放,用推土机摊平。

【解析】在案例背景中,施工单位选择在现有城市次干道上倾倒填筑路基的土方,并使用推土机进行运输和摊铺。然而,这种做法存在一些问题。首先,直接从城市次干道倾倒土方会对社会交通造成一定的影响;其次,集中倾倒土方导致了后续错误的推土机运输。需要明确的是,推土机的主要优势并非在于运输,而是用于将土方摊平的工作。因此,施工单位应该按照里程桩号将土方分开堆放,然后使用推土机进行摊铺。这样做可以避免对交通造成不必要的干扰,并更有效地利用推土机的功能。

3. 结合图 1,补充并改正施工方案(2)中施工工艺流程的缺漏和错误之处。(用文字叙述)

【参考答案】

(1) 错误之处:路堤填土层厚 1m。

正确做法:机械填筑碾压路堤时,层厚不超过 300mm。

(2) 施工工艺流程的缺漏:

① 池塘和泥浆池基底处理;②施工前做试验段;③次干路 1:2 的边坡修成台阶状;④桥台台背路基填土加筋;⑤压实度和弯沉值的检测。

【解析】本题是一个综合题目,需要进行错误修改和补充工作。首先,需要指出回填土的层厚 1m 太厚,根据施工常识,每层厚度不应超过 300mm。此外,根据案例背景,本工程在填土路堤的施工中,还应包括以下施工工序:在修筑道路时,除了抽水和清理泥浆池和池塘外,还需要对其基底进行处理;次干道边坡的坡度为 1:2,因此需要修筑台阶;根据图纸显示,桥台后填土高度超过 6m,所以在台背填土过程时需要台背加筋;本工程引道的长度为 149.5m,在施工前应做一个试验段来确定施工参数;为确保填土的碾压质量符合要求,每层填土后都需要进行压实度检测;最后,还需要测定路床的弯沉值。

4. 图 2 所示挡土墙属于哪种结构形式（类型）？写出图 2 中构造 A 的名称，简述其功用。

【参考答案】

（1）图 2 所示挡土墙属于重力式挡土墙。

（2）图 2 中构造 A 的名称是反滤层。作用是滤土排水。

【解析】本题又是一道一、二建高频考点，即说出图中某构造名称，简述其功用，这一类题目很难在教材中找到出处（本题例外），属于典型的能力考核题目，当然这一类题目如果有一定的识图基本功和施工常识，也不属于难题。

挡土墙泄水孔与反滤层

5. 针对"行人滑入泥浆池"的安全事故，指出桩基施工现场应采取哪些安全措施？

【参考答案】

应采取以下安全措施：

（1）泥浆池周围设置防护栏杆并挂密目安全网，底部设置踢脚板，悬挂警示标志，夜间有警示红灯，有专人巡视。

（2）施工现场设置连续封闭的施工围挡，大门口安排门卫值守。

【解析】注意本题是"行人"滑入泥浆池。很多考生在作答本题时，着眼点全部放在了"滑入泥浆池"，忽略了主体"谁"滑进去，结果围绕着泥浆池的维护写的围栏、警示灯、警示标志等展开，而对行人不应该进入施工现场未展开描述。所以说，本题"行人"算是这个小问的题眼所在。

泥浆池防护

案例 43 2014 年二建案例题四

背景资料

某公司承建一座市政桥梁工程，桥梁上部结构为 9 孔 30m 后张法预应力混凝土 T 梁，桥宽横断面布置 T 梁 12 片，T 梁支座中心线距梁端 600mm，T 梁横截面如图 1 所示。

图 1 T 梁横截面示意图（单位：mm）

项目部进场后，拟在桥位线路上现有城市次干道旁租地建设 T 梁预制场，平面布置如图 2 所示，同时编制了预制场的建设方案：（1）混凝土采用商品混凝土；（2）预制台座数量按预制工期 120d、每片梁预制占用台座时间为 10d 配置；（3）在 T 梁预制施工时，现浇湿接缝钢筋不弯折，两个相邻预制台座间要求具有宽度 2m 的支模及作业空间；（4）露天钢材堆场经整平碾压后表面铺砂厚 50mm；（5）由于该次干道位于城市郊区，预制场用地范围采用高 1.5m 的松木桩、挂网围护。

图 2 T 梁预制场平面布置示意图

监理审批预制场建设方案时，指出预制场围护不符合规定。在施工过程中发生了如下事件：

事件一：雨期导致现场堆放的钢绞线外包装腐烂破损，钢绞线堆场处于潮湿状态。

事件二：T梁钢筋绑扎、钢绞线安装、支模等工作完成并检验合格后，项目部开始浇筑T梁混凝土，混凝土浇筑采用从一端向另一端全断面一次性浇筑完成。

问题

1. 全桥共有T梁多少片？为完成T梁预制任务最少应设置多少个预制台座？均需列式计算。

2. 列式计算图2中预制台座的间距 B 和支撑梁的间距 L。（单位以 m 表示）

3. 给出预制场围护的正确做法。

4. 事件一中的钢绞线应如何存放？

5. 事件二中，T梁混凝土应如何正确浇筑？

参考答案及解析

1. 全桥共有T梁多少片？为完成T梁预制任务最少应设置多少个预制台座？均需列式计算。

【参考答案】

预制T梁数量：12×9＝108 片

预制次数：120÷10＝12 次

预制台座数量：108÷12＝9 个

【解析】桥梁结构中的一孔也被称为一跨。在本题中桥梁有9孔，即9跨。每一孔横断面布置了12片T梁。因此，整个工程需要的T梁总数为12×9＝108片。然而，这个计算并不是命题人想要重点考核的内容，而只是整个计算过程中的一个中间部分。

真正要考核的内容是后面的一个小问题，即本工程需要多少个预制台座。计算预制台座数量属于资源周转量的计算题。这类题目的计算通常围绕着总工期、每次预制时间（每片梁预制周期）、预制梁的总量和预制场台座数量等要素展开。

计算的关系如下：总工期÷每次梁预制时间＝预制次数；预制梁总量÷预制次数＝预制台座数量。只需将本题中的信息代入计算即可得出答案。

多孔（跨）桥

2. 列式计算图 2 中预制台座的间距 *B* 和支撑梁的间距 *L*。(单位以 m 表示)

【参考答案】

$B = (2000/1000) \div 2 \times 2 + 2 = 4m$

$L = 30 - 0.6 \times 2 = 28.8m$

【解析】 根据图 2 所示，*B* 表示 T 梁台座中心线之间的距离。根据案例背景信息中提供的"现浇湿接缝钢筋不弯折，两个相邻预制台座间要求具有宽度 2m 的支模及作业空间"，我们可以得出以下结论：在浇筑混凝土 T 梁时，要求两片梁之间保留 2m 的作业间距，同时湿接缝钢筋不弯折。根据图 1 计算可得，每片 T 梁的中心线到湿接缝钢筋边缘的距离为 1m。

基于以上信息，可以得出相邻台座之间的距离 *B* 等于每片 T 梁中心线至湿接缝钢筋之间的宽度 1m 加上作业间距 2m，即 1+1+2＝4m。

T 梁预制台座

3. 给出预制场围护的正确做法。

【参考答案】

(1) 沿预制场四周连续设置围挡(墙)，除大门出入口外不得留有缺口。

(2) 围挡(墙)高于 1.8m，围挡材料要求坚固、稳定、统一、整洁、美观。

【解析】 围挡属于二建市政专业的高频考点，考试形式一般是改错题，主要考核围挡高度、围挡采用的材料等内容。

4. 事件一中的钢绞线应如何存放？

【参考答案】

应存放在专门的仓库，仓库应干燥、防潮、通风良好、无腐蚀气体和介质。如存放在室外，不得直接堆放在地面上，必须垫高、覆盖、防腐蚀、防雨露，存放时间不宜超过 6 个月。

【解析】 本题涉及材料存放的通用知识点。除了金属材料的存放，备考时还应该总结其他常见材料的存放要求。例如，橡胶类材料(如密封橡胶圈、橡胶止水带等)的存放要求包括避免暴晒、避免存放在超低温环境下，存放仓库不能有腐蚀性材料等；水泥材料的存放要求包括防潮、不与其他材料混存等。

因此，在备考过程中，我们应该将这些通用的材料存放知识点进行总结归纳，并举一反三，全面了解各种材料的存放要求，提高备考的综合能力。

5. 事件二中，T梁混凝土应如何正确浇筑？

【参考答案】

正确浇筑顺序：从梁的一端向另一端，水平分层浇筑，下部捣实后再浇筑腹板、翼板。

【解析】本题目在教材上找不到原文，不过案例背景中"混凝土浇筑采用从一端向另一端全断面一次性浇筑完成"这句话从考试角度上讲，一定是错误的，即便不知该如何回答正确做法，最起码可以把案例背景肯定错误的这句话向着相反的方向回答。

预制梁混凝土浇筑

第3部分

经典案例模拟题

案例模拟题 1

背景资料

　　某公司承建一快速路工程，道路中央隔离带宽 2.5m，采用 A 路缘石，路缘石外露 0.15m，要求在通车前栽植树木，主路边采用 B 路缘石。下图为道路工程 K2+350m 断面图，两侧排水沟为钢筋混凝土预制 U 形槽，U 形槽内部净高 1m，现场安装。护坡采用六角护坡砖砌筑。

道路 K2+350m 断面图

说明：

1. 道路 K2+350 位置路面设计高程为 70.87m。

2. 本图中单位为 m。

问题

1. 列式计算道路桩号 K2+350m 位置边沟内底设计高程。（主路及 C 部位坡度均为 1.5%，保留小数点后两位数）

2. 本工程中道路附属构筑物中的分项工程有哪些？

3. 图中 C 的名称是什么？在道路中设置 C 的作用，C 属于哪一个分部工程中的分项工程？

4. 本工程 A、B 为哪一种路缘石，根据这两种路缘石的特点，说明本工程为什么采用这两种路缘石？

5. 简述两侧排水 U 形槽施工工序。

参考答案及解析

1. 列式计算道路桩号 K2+350m 位置边沟内底设计高程。（主路及 C 部位坡度均为 1.5%，保留小数点后两位数）

【参考答案】

$70.87-(12.5+1.5)\times 1.5\%-4.5\div 1.5-1=66.66m$

【解析】根据题目要求，需要计算边沟内底的设计高程。在案例背景中已提供了道路的设计高程，我们需要根据道路的设计高程、横坡、边坡，以及对应的宽度来计算相应的高差，最后减去边沟的深度。

在图中，道路的设计高程为 70.87，横坡坡度为 1.5%，道路宽度加 C 的宽度为 12.5+1.5=14m。那么道路边坡的上坡脚高程为 $70.87-14\times 1.5\%=70.66m$。

道路边坡的坡度为 1∶1.5，并且从上坡脚到下坡脚的水平距离为 4.5m。因此，下坡脚的设计高程为 $70.66-4.5\div 1.5=67.66m$。

根据设计，边沟的深度为 1m。因此，边沟内底的设计高程为 $67.66-1=66.66m$。

2. 本工程中道路附属构筑物中的分项工程有哪些？

【参考答案】

附属构筑物中的分项工程有路缘石、排水沟、护坡。

【解析】道路常识是当前经常考核的考点之一，其中包括《城镇道路工程施工与质量验收规范》CJJ 1—2008 中的道路分部分项检验批划分表格。尽管教材尚未收录这类表格，但在实际施工中，分部分项工程的划分非常重要，并且在后续考试中很可能还会继续考核。因此，在备考过程中，建议尽量熟悉道路、桥梁和给排水管线等方面的分部分项检验批划分表格，以增强备考的全面性。

此外，即使不熟悉规范的具体规定，也可以通过分析案例背景来得出答案。在案例背景中提到了 A、B 路缘石，边沟，护坡以及图中的 C。由于后面的问题涉及"C 属于哪一个分部工程中的分项工程"，因此 C 不可能是道路的附属构筑物。综上所述，可以将剩下的三项作为本小问的参考答案。

分部工程	子分部工程	分项工程	检验批
附属构筑物	—	路缘石	每条路或路段
		雨水支管与雨水口	每条路或路段
		排（截）水沟	每条路或路段
		倒虹管及涵洞	每座结构
		护坡	每条路或路段
		隔离墩	每条路或路段
		隔离栅	每条路或路段
		护栏	每条路或路段
		声屏障（砌体、金属）	每处声屏障墙
		防眩板	每条路或路段

3. 图中 C 的名称是什么？在道路中设置 C 的作用，C 属于哪一个分部工程中的分项工程？

【参考答案】

（1）C 的名称为路肩。

（2）设置路肩的作用：

① 保护行车道结构稳定、防止水对路基侵蚀。

② 供行人、自行车通行，以及作为机动车的紧急停车带。

③ 提供侧向余宽和视距，有利于安全，增加舒适感。

④ 作为地下、地上设施的位置及养护操作场地。

（3）C 属于路基分部工程中的分项工程。

【解析】教材中提及了路肩这个术语，但未对其功能、施工要求等进行详细介绍。路肩是路基分部工程中的一个分项工程，而路肩又可分为土路肩和硬路肩两类。土路肩通常设置在国道道路的两侧，而城市道路或高速公路通常设置硬路肩。

硬路肩

土路肩

4. 本工程 **A**、**B** 为哪一种路缘石，根据这两种路缘石的特点，说明本工程为什么采用这两种路缘石？

【参考答案】

A 属于立缘石（立侧石）；B 属于平缘石（平侧石）。

理由：中央绿化隔离带有绿化树木，需要经常浇水，利用立缘石可以挡水。

因为快速路一般需要路面排水，平缘石排水效果较好。

【解析】 路缘石又称路侧石，可以分为立缘石（立侧石）和平缘石（平侧石）。路缘石一般是在基层施工后、面层施工前进行安装。另外，需要注意一个常识："平缘石"并非"平石"，平石一般是立缘石旁边砌筑的石材或混凝土砌块。

立缘石（立侧石）　　　　　平缘石（平侧石）　　　　　　　平石

5. 简述两侧排水 **U** 形槽施工工序。

【参考答案】

测量放线、沟槽开挖、基础处理、垫层施工、铺筑结合层、U 形槽安装、调整（高程、轴线）、U 形槽勾缝、外侧回填土。

【解析】 本题目属于施工常识，需要平时多观察。U 形槽一般设置在高速公路填方段两侧的排水沟，在城市道路中应用并不多见。但考生可以通过案例背景和题目当中的"两侧排水 U 形槽"判断出 U 形槽主要用于排水，可以将其视为一个管道，而管道的施工工序相对而言容易描述。因此可以按照管道的施工工序描述 U 形槽施工工序，这样也可以得到绝大部分分数。

U 形槽施工

案例模拟题 2

背景资料

甲公司中标跨河桥梁工程，工程规划桥梁建成后河道保持通航，要求桥下净空高度不低于 10m。桥梁下部结构采用桩接柱的形式，下图为桥梁下部结构横断面示意图。

桥梁下部结构横断面示意图

说明：

1. 本图标注单位除高程为 m 外均为 cm。

2. 工程河道通航水位即施工水位。

工程施工方案有以下要求：

（1）因桥梁的特殊情况，方案决定桥梁下部结构采取筑岛围堰形式，即桩基施工时采用河道筑岛，待桩基础完成后再开挖进行下部结构后续施工。

（2）桥梁桩基采用钻孔灌注桩，施工前项目部对钻孔灌注桩制定了如下工艺流程：平整场地→桩位放样→埋设护筒→钻机就位→钻进成孔→成孔检查与验收→……→成桩检查。

（3）根据本工程实际情况，项目部施工方案中对盖梁拟采用双抱箍桁架的工艺施工，上部结构 T 形梁自重 35t，项目部采用穿巷架桥机方式进行桥梁的架设工作。

📖 问题

1. 将案例背景资料中钻孔灌注桩省略部分施工工艺流程补充完整。

2. 示意图中 A、B、C 的名称是什么？简述其作用。

3. 计算本工程的桩长，并简要叙述 B 的常规施工流程。

4. （如果不考虑预拱度与道路坡度）本工程柱顶标高 h 最小应为多少米？

5. 依据住房城乡建设部令第 37 号和建办质〔2018〕31 号文件，本工程有哪些分部分项工程需要组织专家论证，并说明理由。

📄 参考答案及解析

1. 将案例背景资料中钻孔灌注桩省略部分施工工艺流程补充完整。
【参考答案】
清孔（一次清孔）→安装钢筋笼→安放导管→二次清孔→灌注水下混凝土→拔出护筒。
【解析】钻孔灌注桩施工工艺流程中最主要的内容如下：平整场地→桩位放样→埋设护筒→钻机就位→钻进成孔→成孔检查与验收→清孔（一次清孔）→安装钢筋笼→安放导管→二次清孔→灌注水下混凝土→拔出护筒→成桩检查。当前建造师市政专业考核最多的就是流程类题目，任何一个工序都有可能以流程补充的形式出题，所以在后期备考中，遇到施工工序要多练习。

2. 示意图中 A、B、C 的名称是什么？简述其作用。
【参考答案】
A 的名称是垫石。作用：调整高程、坡度；保证上部结构与盖梁净空；平稳传递荷载；便于后期更换支座。
B 的名称是系梁。作用：把两个桩或墩连成整体受力，增加横向稳定性。
C 的名称是防震挡块。作用：防止主梁在横桥向发生落梁现象。
【解析】桥梁的上部结构与下部结构之间的分界点是桥梁的支座，支座顶面的高程是决定上部结构的主要控制点。然而，在桥墩、盖梁和桥台台帽的施工中，高程可能存在一定的误差，并且盖梁的施工还涉及预应力张拉过程。为了解决这些问题，可以在下部结构（墩顶、盖梁、桥台台帽）与支座之间进行二次浇筑混凝土垫石。垫石的作用是调整高程和坡度，可以在一定程度上弥补施工中的误差，并为后期更换支座提供一定的操作空间。

系梁是用于增加桥梁横向稳定性的结构元素。当在桥梁横断面方向上，两个或多个墩柱顶部有盖梁相连且墩柱高度较高时，会设计系梁。系梁与上部盖梁和墩柱形成一个整体，以增加桥梁的横向稳定性。

防震挡块的设置也不是完全一样。有些桥梁只在盖梁的两端设置防震挡块，而有些桥梁会在每一片 T 梁两侧都设置防震挡块。

垫石

系梁

防震挡块

3. 计算本工程的桩长，并简要叙述 B 的常规施工流程。

【参考答案】

（1）桩长：−1.5−1.2−（−40.0）= 37.3m。

（2）B（系梁）施工流程：系梁底模（或垫层）→绑扎桩接柱钢筋→系梁钢筋→支模板→浇筑混凝土→养护→拆模。

【解析】从案例背景图中可知，桩顶与系梁的高度部分是重合的，因此在施工过程中，这部分混凝土可以与系梁同时浇筑，工程量需计入系梁中。尽管在灌注桩施工时，这部分混凝土也会被灌注，但它实际上是属于桩基本身应超灌的部分，即使没有设置系梁，为保证桩顶混凝土的质量，也应超灌。

系梁的设置方式有两种：一种是在桩顶设置，另一种是在较高的墩柱中间半空中设置。这两种方式在施工工序上略有不同。在桩顶设置系梁时，只需在地面上设置垫层，然后进行系梁钢筋、侧模和混凝土的施工。而如果是在墩柱中间半空中设置系梁，就必须先使用抱箍桁架或满堂支架来支撑系梁底模板，然后进行系梁钢筋、侧模板和混凝土的施工。

4. （如果不考虑预拱度与道路坡度）本工程柱顶标高 h 最小应为多少米？

【参考答案】

桥跨最下缘要求设计高程：3.72+10 = 13.72m。

墩柱顶设计高程：13.72−1.4−0.3 = 12.02m。

【解析】如题图所示，通航要求是指通航水位至桥跨结构最下缘之间的距离，而桥跨结构的下缘也就是支座的顶面标高的距离（不考虑预拱度与道路横坡），那么支座顶标高即为通航水位加桥下净空（10m），即 13.72m。墩柱顶标高等于支座顶部标高减去 0.3m（支座与垫石的高度），再减去盖梁的高度（1.4m），可以得出墩柱顶标高为 12.02m。依据桥梁定义计算题目以前考核相对较少，不过以后这类简单的计算题目很有可能会逐步出现在考卷中。

5. 依据住房城乡建设部令第 37 号和建办质〔2018〕31 号文件，本工程有哪些分部分项工程需要组织专家论证，并说明理由。

【参考答案】

需要组织专家论证的分部分项工程有：系梁基坑土方开挖、支护、降水工程；穿巷架桥机安装和拆卸工程。

理由：本工程系梁基坑开挖深度超过了 5m；T 形梁自重超过了 300kN，穿巷架桥机自身的安装、拆卸也应组织专家论证。

【解析】"两专"是当前建造师市政专业分值最高的考点，但是前面相关的内容已经考核过多次，所以后期再进行考核，很有可能开始考核说明理由，对于说明理由这类题目，需要对住房城乡建设部令第 37 号和建办质〔2018〕31 号文件高度熟悉。

案例模拟题 3

背景资料

某公司中标新建水厂大清水池工程，现浇清水池内部尺寸 80m×17.5m×6.8m（长×宽×高），设计水深 5.4m，内部平均设置 3 道内隔墙。清水池底板厚 0.8m，顶板厚 0.35m，侧墙 0.4m，隔墙厚度均为 0.25m。水池顶板采用满堂支架法。水池采用自防水混凝土，强度等级 C40，抗渗等级 P8，水池顶板与侧墙单独浇筑，采用盘扣式支架支撑。

地质资料显示，本工程土质为粉土和粉质黏土地层，地下水位埋深 8.5m，施工时无需考虑降水。依据开挖方案，在清水池基坑的北侧部分边坡采用土钉墙支护，土钉墙整体长度 50m，土钉墙剖面如下图所示。

土钉墙剖面示意图

说明：

1. 本工程高程单位为 m，其余标注均为 mm。

2. 基坑采用土钉墙支护，土钉孔安放土钉后进行注浆，土钉墙面层喷射 100mm 厚 C20 混凝土。

3. 基坑顶部、底部均设置 300mm×300mm 排水明沟。

　　土钉墙边坡面层混凝土喷射分两次进行，为保证两次喷射混凝土衔接紧密，项目部要求在下层混凝土初凝前将上层混凝土喷射完毕，且要求喷射混凝土顺序为自上而下进行。

📖 问题

1. 本工程中施工单位需对哪些分部分项工程组织专家论证？说明理由。
2. 指出示意图中 A、B、C 的名称，简述其作用。
3. 示意图中土钉"φ18L8000@1500"表达的意思是什么？
4. 图中 H 的最小距离应该是多少米？本工程需要喷射 C20 混凝土多少立方米？
5. 混凝土喷射的方法是否有不妥之处，如有不妥之处，请改正。
6. 图中基坑顶部除了坡顶硬化与排水沟以外，还缺少哪些必要的设施？

📄 参考答案及解析

1. 本工程中施工单位需对哪些分部分项工程组织专家论证？说明理由。

【参考答案】

（1）需专家论证工程：基坑土方开挖工程、土钉墙围护工程、水池顶板模板支撑工程。

（2）理由：由图计算，基坑开挖深度为 7.6m，超过 5m；本工程水池内总长 80m，平均设 3 道隔墙，每段跨度 20m，跨度大于 18m。

【解析】根据建办质〔2018〕31 号文件的规定，开挖深度超过 5m（含 5m）的基坑土方开挖、支护、降水工程需要进行专家论证。然而，在本题中，尽管基坑的开挖深度为 7.6m，超过了 5m 的限制，但是考虑到地下水埋深为 8.5m，因此降水工程并不需要考虑。所以，在本题中，基坑土方开挖和支护工程需要进行专家论证。

另外，根据建办〔2018〕31 号文件规定，混凝土模板支撑工程搭设的跨度超过 18m 时需要专家论证，通过计算，本题中混凝土模板支撑的跨度为 20m，因此也需要进行专家论证。

2. 指出示意图中 A、B、C 的名称，简述其作用。

【参考答案】

A 为泄水孔，作用是排除墙后土体中的积水，从而减少土压力。

B 为反滤层，作用是滤土排水。

C 为对中支架，作用是确保土钉在孔道内居中，使水泥浆对土钉充分包裹，与土体紧密结合。

【解析】实际施工中，不管是挡土墙、土钉墙还是隧道的一次衬砌，都需要将结构后背土体中的水排出，所以都有排水孔（泄水孔），且需要在排水孔后面土体中放置碎石（反滤层）来防止泥沙流失。土钉墙施工是在修整的边坡打孔后安放土钉，孔道直径比土钉直径大一些，以方便安装，安装后的土钉需要固定，所以要对孔与土钉之间的间隙进行注浆，为防止土钉在孔道中偏移中心位置，造成浆液不能对土钉充分包裹，还需要在土钉周围设置对中支架。

土钉墙泄水孔

3. 示意图中土钉"$\phi 18L8000@1500$"表达的意思是什么?

【参考答案】

$\phi 18L8000@1500$ 表示土钉的钢筋直径 18mm,土钉长度为 8m,土钉横向间距为 1.5m。

【解析】 当前考试图形越来越重要,后期备考需要注意图形中的基本常识内容。

4. 图中 H 的最小距离应该是多少米? 本工程需要喷射 C20 混凝土多少立方米?

【参考答案】

(1) 图中 H 的最小距离应该是 1m。

(2) 本工程需要喷射混凝土用量:

$$\sqrt{(44.9-37.3)^2+[(44.9-37.3)\times0.4]^2}=8.19m$$

$$(8.19+1)\times50\times0.1=45.95m^3$$

所以本工程需要喷射 C20 混凝土 45.95m³。

【解析】 第一小问中,因为排水沟布置需要在建筑基础边 0.4m 以外,沟边缘距离边坡坡脚应不小于 0.3m,图中排水沟本身 0.3m,三个数字相加,所以 H 不应小于 1m。

第二小问中,需要计算喷射混凝土的用量。根据案例背景信息和图纸说明可知,土钉墙的长度为 50m,喷射混凝土的厚度为 0.1m。此外,边坡的斜长可以通过基坑高差并应用勾股定理计算得出。需要注意的是,在计算喷射混凝土用量时,还需考虑到喷射混凝土上坡脚的翻边,因此在计算中需要将这 1m 也纳入考虑范围。

5. 混凝土喷射的方法是否有不妥之处,如有不妥之处,请改正。

【参考答案】

不妥一:下层混凝土初凝前将上层混凝土喷射完毕。

正确做法:分层喷射混凝土时,应在前一层混凝土终凝后进行后一层混凝土的喷射。

不妥二:混凝土喷射顺序自上而下。

正确做法:喷射混凝土应由下而上进行。

【解析】 喷射混凝土的要求属于市政专业通用知识。在新大纲体系下,土钉墙、倒挂井壁法施工竖井、隧道一次衬砌均有介绍。本题考核内容是改错题,即便是对教材内容不熟悉,通过对案例背景中描述的做法反向操作亦可得出答案。

6. 图中基坑顶部除了坡顶硬化与排水沟以外，还缺少哪些必要的设施？

【参考答案】

缺少安全防护设施（防护围栏、密目安全网、安全警示标志、夜间警示灯）；防淹墙（挡水围堰）。

【解析】 基坑考试中有两个高频考点：基坑安全防护和雨期施工。基坑安全防护包括防护栏杆、密目安全网、安全警示标志和夜间警示红灯等措施。而雨期施工主要涉及基坑顶部的防淹墙或挡水围堰、地面硬化、排水沟，以及基坑坡面的硬化或覆盖；另外，还包括基坑底部的排水沟、集水坑和抽水设备等。本案例考核的焦点是基坑顶部，其中安全防护设施是主要评分点。此外，由于基坑顶部已经完成了硬化和排水沟的建设，所以只需要补充防淹墙或挡水围堰即可。

基坑顶部防淹墙、防护栏、排水沟

案例模拟题 4

背景资料

A 公司承接了 3.5km 城市主干道工程施工，道路结构、横断面如下图所示：

道路 0+050 横断面（单位：m）

40mm改性SMA沥青混凝土

Y

50mm沥青混凝土面层AC-20

60mm沥青混凝土底层AC-25

X

180mm水泥稳定碎石

180mm水泥稳定碎石

180mm石灰粉煤灰稳定粒料

路床处理路床夯实

道路结构图

西侧道路路中位置有雨水管线，路基和基层施工中将雨水检查井和雨水口周围的施工作为本次施工的重点，要求采取可靠的措施保证压实度。

路面施工过程中，施工单位对上面层的压实十分重视，确定了质量控制关键点，并就压实工序做出如下书面要求：①初压采用双钢轮振动压路机静压1~2遍，初压开始温度不低于140℃；②复压采用双钢轮振动压路机，碾压采取低频率、高振幅的方式快速碾压，为保证密实度，要求振动压路机碾压4遍；③终压采用轮胎压路机静压1~2遍，终压结束温度不低于80℃；④为保证搭接位置路面质量，要求相邻碾压带重叠宽度应大于30cm；⑤为保证沥青混合料碾压过程中不粘轮，应采用洒水车及时向混合料喷雾状水。

因改性SMA面层不能当天完成，需在面层上留设横向冷接缝。第二天摊铺时施工单位对接缝位置按照相关规范进行了处理。

📖 问题

1. 道路横断面图中，道路高程是指A、B、C当中哪一个具体位置。在实际中，路宽是否包括路缘石的宽度？

2. 道路结构图中，X、Y代表什么？并说明其施工注意事项。

3. 在施工过程中，雨水检查井和雨水口周围应如何处理才能有效保证其压实度？

4. 施工单位对上面层碾压的规定有不合理的地方，请改正。

5. SMA 冷接缝如何处理才可以保证其质量？

参考答案及解析

1. 道路横断面图中，道路高程是指 A、B、C 当中哪一个具体位置。在实际中，路宽是否包括路缘石的宽度？

【参考答案】

C 点的高程为道路设计高程，道路设计宽度不包括路缘石宽度。

【解析】本题考核内容并非教材知识点，而是施工中的常识。在试卷中，道路设计高程通常会进行标记，如果案例背景中未进行标记，则需要观察道路是否有中分带（中央隔离带）。若没有中分带，道路的设计高程即为表面层中心线的位置。若存在中分带，道路的设计高程则为表面层与中分带路缘石接触的位置。此外，道路宽度指的是净宽度，即不包括路缘石在内的实际道路宽度。

2. 道路结构图中，X、Y 代表什么？并说明其施工注意事项。

【参考答案】

（1）X 为沥青乳液透层油，Y 为粘层油。

（2）施工注意事项：

① 下承层干燥、清洁，附属构筑物外露面覆盖。

② 透层油提前一天喷洒，粘层油当天洒布。

③ 试洒确定用量，洒布均匀。

④ 不能在雨、雪或大风环境下洒布。

【解析】透层和粘层都属于沥青混凝土面层子分部工程的分项工程。透层油是在非沥青基层上准备摊铺底层沥青时进行喷洒的。而粘层油是在沥青混凝土面层之间或水泥混凝土面层上加铺沥青混凝土时喷洒的。透层油需要在摊铺面层前一天进行喷洒，以确保乳化沥青能够渗透到基层一部分，而粘层油则是在当天喷洒。本题施工注意事项的相关内容并非完全来自教材，其中一部分要求是施工中的常识。

3. 在施工过程中，雨水检查井和雨水口周围应如何处理才能有效保证其压实度？

【参考答案】

采用小型夯实机具夯实；回填材料应采用石灰土、石灰粉煤灰砂砾回填；处于道路基层内的雨水口连接支管作 360° 混凝土包封。

【解析】挖土路基教材上有相应的介绍，这种考点即便在考场上不记得教材中是如何描述的，也可以从机具和材料两个方向进行回答。机具方面，因为检查井和雨水口范围较小，很难用大型的机具施工，所以一定采用较小的施工机具进行施工。同样，小范围的回填夯实有困难，那么施工材料应尽量采用后期能够进行板结硬化的石灰粉煤灰砂砾或石灰土。

4. 施工单位对上面层碾压的规定有不合理的地方，请改正。

【参考答案】

(1) 改性沥青初压温度应不低于150℃。

(2) 应采取高频率、低振幅的方式慢速碾压，碾压遍数要根据试验确定。

(3) 改性沥青不得采用轮胎压路机，碾压终了温度应不低于90~120℃。

(4) 相邻碾压带重叠宽度应为100~200mm。

(5) 不粘轮措施应采用对压路机钢轮刷隔离剂或防黏结剂，或向碾压轮上喷淋添加少量表面活性剂的雾状水。

【解析】本题目属于改错题，真正的沥青混凝土考核还没有进行过如此细致的考核，这里考核得比较具体。当然真正的案例真题不会将如此多的考点都放在一起集中考核。

5. SMA冷接缝如何处理才可以保证其质量?

【参考答案】

(1) 沥青硬化前垂直切割已摊铺改性沥青SMA面层，与中面层接缝错开1m以上。

(2) 压路机从切割完成的接缝位置通过时，需垫木板或方木。

(3) 铺新料前将接槎处涂刷粘层油，并对其加热软化。

(4) 摊铺新料后先沿接缝处横向跨缝碾压，再进行纵向碾压。

【解析】本题目是关于如何处理SMA冷接缝以确保其质量的问题。在处理SMA冷接缝时，最重要的是确保不同时间段摊铺的沥青混凝土能够紧密结合，使新老沥青之间过渡平稳，形成一个整体。为了实现这个目标，需要注意以下几点：首先，上下层接缝的位置应该错开，以避免应力集中；其次，在施工过程中要保护接缝位置，避免破损；再次，采取有效的措施确保新老沥青之间的衔接；最后，为了确保平整度，必须优先控制接缝位置的高程。通过遵循这些要点，可以提高SMA冷接缝的质量，使道路表面更加平整耐久，实现新老沥青的紧密结合和平稳过渡。

案例模拟题 5

背景资料

A单位承建一项污水泵站工程，主体结构采用沉井，埋深15m，现场地层主要为粉砂土，地下水埋深为4m，采用排水下沉。沉井下沉的安全专项施工方案经过专家论证。泵站的水泵，起重机等设备安装项目分包给B公司。

为了避免沉井下沉过程中因受力不均匀而导致井壁出现裂缝，泵站采用了圆形结构，并在井筒设计中引入了带有内隔墙的形式（图1），以增强结构的稳定性。沉井各部位的名称如图2所示。考虑到泵站处于地下水位较高的环境中长期运营，制作井筒时采用了图3所示的螺栓形式，用于固定沉井井筒模板。

图 1　沉井平面示意图　　　　　　　　图 2　沉井 1—1 剖面示意图

图 3　模板对拉螺栓细部结构图

　　沉井的起沉点自地面向下挖深 3.5m，对地基处理后施作沉井垫层，该垫层由 350mm 粗砂和 150mm 素混凝土构成。基础验收合格后进行刃脚和井筒施工。采用分次制作分次下沉的形式。

　　随着沉井入土深度增加，井壁侧面摩擦阻力不断加大，沉井下沉受阻。项目部决定采用触变泥浆减阻措施，使沉井继续下沉。沉井下沉到位后施工单位将底板以下超挖部分分层回填砂石并夯实，浇筑底板混凝土垫层、绑扎底板钢筋、浇筑底板混凝土。

　　B 单位进场施工后，由于没有安全员，A 单位要求 B 单位安排专人进行安全管理，但 B 单位一直未予安排，在吊装水泵时发生安全事故，造成一人重伤。

问题

1. 本工程沉井砂垫层与素混凝土垫层的施工要求有哪些？

2. 补充图2中C、D、E的名称，并简述其作用。

3. 补充图3中F、G的名称，并简述其作用。

4. 项目部在干封底中有缺失的工艺，把缺失的工艺补充完整。

5. 除项目部采取的触变泥浆减阻措施外，本工程还可以采取哪些助沉措施？

6. 一人重伤属于什么等级安全事故？A单位与B单位分别承担什么责任？

参考答案及解析

1. 本工程沉井砂垫层与素混凝土垫层的施工要求有哪些？

【参考答案】

（1）垫层厚度和宽度满足结构荷载和施工要求。

（2）砂垫层为中粗砂，并分层铺设、分层夯实。

（3）素混凝土垫层表面平整，强度符合设计要求，并于下沉前凿除。

【解析】 沉井知识点内容在新大纲中做了弱化处理，删除了原教材的细节，但是依然可以进行案例考核，只不过考核的内容是结合案例背景及施工常识进行考核。不管是砂垫层还是素混凝土垫层，施工要求无外乎是支撑下沉前的沉井，所以采分点基本上是围绕着几何尺寸、强度、承载力、方便后期施工的角度进行回答。

2. 补充图2中C、D、E的名称，并简述其作用。

【参考答案】

C的名称：刃脚；作用是减少井筒下沉时井壁下端切土阻力，便于操作人员挖掘靠近沉井刃脚外壁的土体。

D的名称：梁；作用是承载隔墙重力，增加井壁刚度，防止井筒在施工过程中的突然下沉。

E的名称：泄水井；作用是排除施工和封底过程中的积水，防止地下水上升对沉井底板的破坏，避免沉井结构整体上浮。

【解析】 沉井结构非常适合通过结合图形进行考核。在市政图形题目中，最常考核的是识别图形中某一部位的具体名称和作用。在后期备考阶段，建议多找一些施工剖面图、节点图和大样图，以增强对图形的识别能力和题感，从而能够更好地应对与图形相关的考试题目。

3. 补充图3中F、G的名称，并简述其作用。

【参考答案】

F的名称：止水片（止水板）；作用是延长渗水路径、增加渗水阻力。

G的名称：山型卡；作用是固定模板，防止其移动和倾斜，确保结构稳定和安全。

【解析】 本题考核内容涉及较多的图形，除了沉井特有的结构名称外，还考核了井筒混凝土施工的通用知识。沉井井筒施工与其他地下结构的侧墙施工相似，属于结构施工通用的知识点。

4. 项目部在干封底中有缺失的工艺,把缺失的工艺补充完整。

【参考答案】

(1) 设置泄水井,保持地下水位距坑底不小于 0.5m。

(2) 用大石块将刃脚下垫实。

(3) 将触变泥浆置换。

(4) 新、老混凝土接触部位凿毛处理。

(5) 底板达到强度且满足抗浮要求时,封填泄水井。

【解析】 新教材中保留了沉井最后的封底工序,但是封底的具体做法已经删除,市政专业经常出现这种删除的工法再次出现在试卷上的情况,所以备考沉井知识点时,需对该考点进行适度的拓展。

排水下沉的沉井封底工序包括以下步骤:继续降水以保持地下水位;使用大石块将刃脚下面垫实;如果采用触变泥浆减阻,将泥浆进行置换;对于超挖部分,回填砂石至规定标高;设置垫层并绑扎底板钢筋;对新、老混凝土接触部位进行凿毛和清理;在封底之前设置泄水井;浇筑底板混凝土;当底板达到所需强度并满足抗浮要求时,封填泄水井。本题案例背景中提及的工序有回填、垫层、底板钢筋和浇筑底板混凝土。其他未提及的工序可以根据需要进行补充。

5. 除项目部采取的触变泥浆减阻措施外,本工程还可以采取哪些助沉措施?

【参考答案】

还可采取:沉井外壁阶梯形灌黄砂减阻;接高井筒或顶部压配重等措施。

【解析】 沉井在达到一定深度后,井壁与土体之间的摩擦力增大,导致下沉困难。为了解决这个问题,需要采取措施辅助下沉。不管是案例背景中采用的触变泥浆,还是答案中将沉井外壁做成阶梯形灌黄砂,或者接高压配重,都是为了减少井壁与周围土体的摩擦力。

6. 一人重伤属于什么等级安全事故? A 单位与 B 单位分别承担什么责任?

【参考答案】

1 人重伤属于一般事故。A 单位承担连带责任,B 单位承担主要责任。

【解析】 本考点属于法规的内容,在相关真题中也有涉及,总分包责任划分见 2022 年案例三解析。

案例模拟题 6

背景资料

A、B、C、D、E 五家公司投标某新建道路工程,工程包括 3.3km 道路,2.8km 给水管线,1.6km 燃气管线以及三个横穿道路的钢筋混凝土拱形涵洞。招标人 3 月 2 日(周三)发布招标公告,招标公告要求投标截止日期为 3 月 21 日。3 月 10 日,B 投标人提出图纸存在缺失问题;3 月 12 日,招标人向 B 投标人提供了补充图纸;3 月 14 日,招标人又向其余各家投标人提供了补充图纸；3月21日开标工作如期进行。

燃气管线工程为直径400mm螺旋焊接钢管，设计压力1.2MPa，除穿越一条宽度为50m的不通航河道采用水平定向钻法施工外，其余均采用开槽明挖施工。

本工程钢筋混凝土拱涵的底板、涵身为素混凝土，拱券为钢筋混凝土，拱涵验收合格后，在外侧粘贴两层SBS卷材防水。钢筋混凝土拱涵各部位如图1~图4所示。在钢筋混凝土拱涵施工前，项目部拱涵施工顺序做了如下安排：

图1　钢筋混凝土拱涵立面图

图2　钢筋混凝土拱涵平面图

图3　钢筋混凝土拱涵断面图

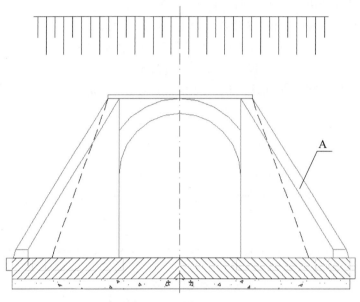

图4　钢筋混凝土拱涵出水口立面图

测量放样→基坑开挖、排水及换填→浇筑垫层→B→拱涵涵身、台座立模→浇筑涵身台座混凝土→C→安装拱券内模→绑扎拱券钢筋→D→对称灌注拱券混凝土→养护拱券混凝土强度达85％设计值→E→施作防水层→涵洞对称填土夯实→出入口、八字墙等附属工程施工。

涵洞回填土前，施工技术人员进行了技术交底，交底要求回填土压实度需要满足规范要求，回填土的含水量控制在最佳含水量以内。

问题

1. 本工程招标人在招标过程中存在哪些问题，写出正确做法。

2. 本工程管道功能性试验如何进行？

3. 写出拱涵施工顺序中缺失的 B、C、D、E 几个工序名称。

4. 本工程回填技术交底不全，请补充。

5. 写出图 4 中 A 的名称，简述其作用。

参考答案及解析

1. 本工程招标人在招标过程中存在哪些问题，写出正确做法。

【参考答案】

（1）招标人单独向 B 投标人提供补充图纸错误。

正确做法：招标人应该在同一时间向所有的潜在投标人提供补充图纸。

（2）投标在 3 月 21 日如期进行错误。

正确做法：本工程投标截止日期应为 3 月 29 日。

【解析】本小题是招标投标内容。考核管理中的知识点，题目难度系数不高，市政专业后期考试中很可能将这种招投标常识内容以改错题的形式进行考核。备考中需要牢记招标投标的几个重要时间节点。

2. 本工程管道功能性试验如何进行？

【参考答案】

（1）采用清管球分段吹扫试验管道。

（2）回填土至管上方0.5m（留出焊接口）以后进行强度试验，试验压力不低于1.5倍设计压力（1.8MPa），介质为清洁水。

（3）强度试验合格、管线全线回填后，进行严密性试验，试验压力为设计压力（1.2MPa），介质为空气或惰性气体。

（4）定向钻段的管道试验在敷设前进行，回拖后随系统再次进行严密性试验。

【解析】本工程的燃气管道采用开槽明挖与定向钻两种施工方式。对于水平定向钻敷设的管道，功能性试验应在敷设前进行，在回拖后，应随同管道系统再次进行严密性试验。另外，本工程为直径400mm（大于100mm）的钢管，所以需要先采用清管球进行清扫后，再进行气体吹扫。其次，管道设计压力为1.2MPa（大于0.8MPa），所以强度试验需要采用水压试验，而对于严密性试验，GB/T 51455—2023的规定与原规范的要求有变化，试验压力即为设计压力。

3. 写出拱涵施工顺序中缺失的B、C、D、E几个工序名称。

【参考答案】

B—混凝土底板施工；C—支立拱架；D—安装拱券外模；E—对称拆除拱架、拱模。

【解析】本小问也是当前考试主流题型。考试中需要将背景资料中的工序与图形相结合进行作答。图中的结构有：混凝土垫层、混凝土底板、混凝土涵身、拱券混凝土和防水层，而在B工序之前是浇筑垫层，在B工序之后是拱涵涵身、台座立模并浇筑混凝土，明显少了混凝土底板施工这一重要环节，所以依据图形不难分析出来B工序为混凝土底板施工。拱涵的拱券结构介于板和墙之间，所以在施工中既需要支架也需要支设内外模板，这几个工序依次为：先支立拱架再安装拱券内模，在拱券钢筋绑扎完成后，浇筑混凝土之前安装拱券外模。混凝土养护之后、拱涵防水之前需要做的工作很明显是拆除拱券的模板和支架。

4. 本工程回填技术交底不全，请补充。

【参考答案】

（1）回填前做试验段，且用土也应进行试验。

（2）沟槽保证无积水，地下水要低于槽底0.5m。

（3）外防水及保护层验收后回填。

（4）涵洞两侧同步、对称回填，高差不大于300mm。

（5）分段接槎部位留台阶。

【解析】很多考生遇到交底的补充题不会作答，对于这类教材中未介绍的知识点必须紧密结合案例背景资料，并且从多个方位和角度作答。在本题背景资料中提到了对回填土的压实度和含水量两个关键因素的控制，那么作为回填土应该还有其他因素的控制，这里可以结合教材中填土路基中的土需要做液限、塑限、标准击实、CBR 试验，以及填土施工要做试验段，已施工的成品保护、现场地下水控制、分步回填留台阶等知识作答。在回答这类案例题的时候，一定要将涉及回填土的基坑知识、管线知识和路基知识高度结合。

5. 写出图 4 中 A 的名称，简述其作用。

【参考答案】

（1）A 的名称：翼墙（又称八字墙）。

（2）翼墙位于入口和出口两侧，起挡土和导流作用，同时还可以保护路堤边坡不受水流冲刷。

【解析】图形局部名称及其作用是当前考试主流题型。拱涵各部位名称可参照后面所附立体图，其中端墙和雉墙位于入口和出口处，跟翼墙一起，起到挡土和导流作用，并保护路堤边坡不受水流冲刷。

现浇拱涵

出水口八字墙、雉墙

案例模拟题 7

背景资料

甲公司中标一综合管线工程，包括给水管线、热力管线、雨水管线和污水管线，给水管线 1800m，管材为 DN400mm 球墨铸铁管，密封橡胶圈接口，热力管线供回水为 DN600mm 焊接钢管，雨水管线采用人工顶管法施工，管径 DN3500mm，污水管线采用 DN600mmHDPE 双壁波纹管。

因工程较为复杂，甲公司要求项目部完善项目管理制度，项目管理制度主要包括：项目管理组织机构及职责、技术管理制度、质量管理制度、成本管理制度、进度管理制度、安全管理制度、材料机械管理制度、工程资料管理制度、培训制度等。其中，材料机械管理制度包括物资计划管理，各种大、中、小型机械的安全操作规程等。

给水管线的功能性试验如下图所示。

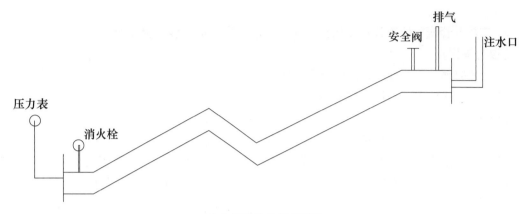

给水管线的功能性试验

热力管线安装前，项目部质检人员除对管材进行常规性检验以外，还对信号线进行了测试，并要求在管道安装时，信号线在管道的侧方。

雨水管线的顶管坑采用 DN800 钢筋混凝土灌注桩围护结构，外拉锚加固，采用龙门吊下管，项目部编制了顶管施工方案，其中在始发井内的主要内容包括：龙门吊安装、顶管后背施工等。

污水管线回填前，监理要求施工单位按照沟槽回填的主控项目进行控制。

📖 问题

1. 材料机械管理制度还应包括哪些内容？
2. 改正上图中给水管线功能性试验的错误之处。
3. 在热力管线安装前还应测试信号线的哪些内容，信号线位置是否正确？
4. 将顶管施工方案中始发井内的工序补充完整。
5. 污水管线沟槽回填的主控项目有哪些？

📄 参考答案及解析

1. 材料机械管理制度还应包括哪些内容？

【参考答案】

材料机械管理制度还应包括：物资采购供应管理、现场物资管理、物资检查与考核。

【解析】本考点属于教材新增内容，比较适合以案例补充题的形式进行考核。

2. 改正上图中给水管线功能性试验的错误之处。

【参考答案】

①压力表应设在两端。②消火栓与安全阀不应安装。③在管道中间高点也要安装排气。④注水位置应该在低点进行。⑤在最低端应设泄水管。

【解析】 图形题是未来发展趋势，所以平时就要适应这种考试模式，将文字内容用图的形式表达出来。一般情况下，只要图上标注出来的都要仔细分析。

3. 在热力管线安装前还应测试信号线的哪些内容，信号线位置是否正确。

【参考答案】

（1）还应测试信号线的通断情况和电阻值。

（2）信号线位置不正确，应安装在管道的上方。

【解析】 本考点属于教材原文内容，信号线在热力施工中比较重要，只是这个知识点在教材中不太引起注意。这种在实际中重要，但在教材上轻描淡写的内容很可能进入命题人"法眼"。教材上那些传统的"白马"考点当然是备考的重点，但也不能忽视"黑马"考点，纵观近些年的案例考试，每一年都会有一些意想不到的考点以案例的形式出现。

4. 将顶管施工方案中始发井内的工序补充完整。

【参考答案】

应补充：铺设导轨、顶进设备（千斤顶）就位并安装、安装顶铁、洞口拆除、试顶进。

【解析】 本题考核人工顶管中顶管坑内的主要工序，教材未包含此内容。备考时建议拓展知识，阅读相关施工手册、分析工程案例、熟悉技术规范，参考研究论文和行业资讯。这样可以增加对更多施工工序的了解，提高应对考试问题的能力。

5. 污水管线沟槽回填的主控项目有哪些？

【参考答案】

主控项目有：回填材料；管道的变形率；功能性试验；回填土压实度。

【解析】 主控项目属于记忆性考点，本案例中污水管道是 HDPE 管，属于柔性管道，且污水管线必须进行功能性试验。回填材料和回填土压实度在所有管道回填中均属于主控项目。

案例模拟题 8

背景资料

某施工单位中标承建过街地下通道工程，周边地下管线较复杂，设计采用明挖顺作法施工。通道基坑总长 80m，宽 12m，开挖深度 10m；基坑围护结构采用 SMW 工法桩，基坑沿深度方向设有 2 道支撑，其中第一道支撑为钢筋混凝土支撑，第二道支撑为 $\phi609mm \times 16mm$ 钢管支撑（下图）。基坑场地地层自上而下依次为：2m 厚素填土、6m 厚黏质粉土、10m 厚砂质粉土，地下水埋深约 1.5m，在基坑内布置了 5 口管井降水。

项目部选用坑内小挖机与坑外长臂挖机相结合的土方开挖方案，在挖土过程中发现围护结构有两处出现渗漏现象，渗漏水为清水，项目部立即采取堵漏措施予以处理。堵漏处理造成直接经济损失 20 万元，工期拖延 10d。项目部为此向业主提出索赔。

第二道支撑节点平面示意图

问题

1. 给出示意图中 A、B 构（部）件名称，并分别简述其功用。
2. 根据两类支撑的特点分析围护结构设置不同类型支撑的理由。
3. 本项目基坑内管井属于什么类型？起什么作用？
4. 给出项目部堵漏措施的具体步骤。
5. 列出基坑围护结构施工的大型工程机械设备。

参考答案及解析

1. 给出示意图中 A、B 构（部）件名称，并分别简述其功用。

【参考答案】

A 是 H 型钢（工字钢）。功用：在围护结构（水泥土搅拌桩）中起到骨架作用，提高围护结构强度（抗剪能力）。

B 是围檩（腰梁、圈梁）。功用：整体受力（均匀受力），将挡墙的力传递给支撑。

【解析】本题中 A 的名称，教材中写的是 H 型钢，但实际施工中也可以使用工字钢。因此，在考试中如果将其写作工字钢也是可以得分的。图中的 B 位于第二道支撑，通常被称为围檩或腰梁、圈梁。但不要将其误写成冠梁，因为冠梁是指位于围护结构顶部与围护桩的竖向投影面重合的部分。

水泥土搅拌桩这类围护结构的特点是具有较大的刚度，但在基坑外侧土压力较大时，由于其抗剪切能力较差且强度较低，可能导致围护结构破坏、基坑坍塌。为了提升围护结构的抗剪切能力和强度，可以在水泥土搅拌桩的某些单元中插入 H 型钢，从而进行升级。这种升级后的型钢水泥土挡墙被称为 SMW 工法桩。

腰梁的主要功能是将围护结构连接成一个整体，使其受力均匀，避免力量集中。此外，围檩还承担将挡土墙所承受的荷载传递给支撑的作用。

2. 根据两类支撑的特点分析围护结构设置不同类型支撑的理由。

【参考答案】

（1）第一道采用钢筋混凝土支撑理由：

① 混凝土支撑刚度大（变形小）。

② 可承受拉应力，整体性强。

③ 施工方便。

（2）第二道采用钢管支撑理由：

① 安装、拆除方便，速度快。

② 可周转使用（或经济性好）。

③ 可施加预应力控制墙体变形。

【解析】 钢筋混凝土支撑的特点是刚度大、变形小、可靠性强。然而，施工工期较长且拆除较为麻烦。在本工程中，顶部选择采用钢筋混凝土支撑的原因是由于基坑土质差且地下水位较高，容易导致基坑围护结构顶部发生较大变形。采用混凝土支撑可以有效控制基坑的变形。此外，顶部施工混凝土支撑的开挖深度较小，可以在 SMW 围护结构养护周期内进行施工，并且可以选择在过街地下通道顶板施工后进行拆除或保留。

钢管支撑的特点是施工速度快、装拆方便、可重复利用且可施加预应力，但其刚度较低且稳定性较差。在本工程中，选择采用钢管支撑的原因是基坑深度达到 10m，并且下部土体的侧压力相对较小。为了减少暴露时间、加快工程进度并降低成本，因此选择了钢管支撑。此外，本工程采用的围护结构是 SMW 工法桩，属于柔性围护结构。当基坑开挖到第二道支撑的位置时，围护结构中间可能会出现向基坑内侧变形的情况。如果仍然采用混凝土支撑，在混凝土支撑未达到强度之前，存在混凝土被挤压破碎的风险。

3. 本项目基坑内管井属于什么类型？起什么作用？

【参考答案】

（1）本项目基坑内管井属于疏干井。

（2）作用：降低基坑内水位，便于土方开挖；保证基坑坑底稳定。

【解析】 本案例中基坑采用的围护结构是 SMW 工法桩，这种围护结构具备止水帷幕的功能。因此，在基坑内部的管井主要有两种作用：一是作为疏干井；二是在前期减压后期进行疏干。根据案例背景所描述的地下水情况，基坑的开挖深度为 10m，地下水埋深约为 1.5m。另外，考虑到承压含水层只存在于少数地层，而本工程案例中并未提及施工范围内存在承压含水层，因此这里的地下水属于普通的浅层滞水。

对于具备止水帷幕而无承压含水层的基坑来说，基坑内的管井起到的只是疏干井的作用，即降低基坑内水位，以便于土方开挖。

4. 给出项目部堵漏措施的具体步骤。

【参考答案】

在缺陷处插入引流管引流，然后采用双快水泥封堵缺陷处，等封堵水泥形成一定强度后再关闭导流管。如渗漏严重时，可采取内填土外注浆的措施。

【解析】围护结构渗漏是基坑施工中常见的多发事故，一般都是围护结构或止水帷幕存在缺陷。根据渗漏水的性质可分为两种情况：若渗漏水为清水，表明渗漏情况较轻，可采用引流管等方式进行处理；若渗漏水中夹带泥沙，表明渗漏较为严重，需采取基坑渗漏位置填土封堵水流，并在基坑外相应位置进行注浆加固的措施。

在本案例中，背景介绍的渗漏水为清水，因此可按照在缺陷处插引流管的方式进行处理。然而，案例背景中又提到"堵漏处理造成直接经济损失 20 万元，工期拖延 10d"，这似乎意味着基坑渗漏并不那么简单。因此，作答时，可以在引流管处理之后，简单地提及一下内部填土、外部注浆的封堵措施。

5. 列出基坑围护结构施工的大型工程机械设备。

【参考答案】

SMW 搅拌机（三轴搅拌机）；起重机（吊车、吊机）；振动锤或挖掘机；混凝土泵车、罐车；工法桩拔桩机。

【解析】在案例背景中，给出了某一施工工法，要求考生回答在该施工过程中应使用的机械设备名称。这类问题的核心在于考核考生对该工法的了解程度。

本案例要求写出 SMW 工法桩施工过程中所使用的机械设备名称。为了理解这个工法的大致流程，应确保清楚以下步骤：采用三轴搅拌机将土体与水泥浆浆液就地搅拌，然后将 H 型钢插入这些搅拌单元中。SMW 工法桩和其他围护结构类似，需要在桩顶设置钢筋混凝土冠梁。在基坑内主体结构完成后，进行回填，而回填之后可以回收和再利用 H 型钢。

据 SMW 工法桩施工步骤，相应的施工机械设备如下：在成桩环节需要使用 SMW 搅拌机（三轴搅拌机）；进行型钢吊装时需要使用起重机（吊车、吊机）进行配合；压入（插入）型钢需要使用挖掘机或振动锤进行施工；冠梁浇筑混凝土时需要使用混凝土泵车和罐车进行施工；而在基坑回填后，需要使用拔桩机将 SMW 工法桩中的型钢拔出并回收。

另外，本题明确提到"大型工程机械设备"，暗示了小型机械设备如钢筋切断机、钢筋弯钩机、振捣棒、振捣器等不需要列举。

三轴搅拌机与起重机

冠梁浇筑混凝土（泵车、罐车）

拔桩设备

案例模拟题 9

背景资料

某公司承建城市主干道的地下隧道工程，长 520m，为单箱双室箱型钢筋混凝土结构，采用明挖顺作法施工。隧道基坑深 10m，侧壁安全等级为一级，基坑支护与结构设计断面如示意图所示。围护桩为钻孔灌注桩，止水帷幕为双排水泥土搅拌桩，两道内支撑中间设立柱支撑，基坑侧壁与隧道侧墙的净距为 1m。

基坑支护与主体结构设计断面示意图（单位：cm）

项目部编制了专项施工方案，确定了基坑施工和主体结构施工方案，对结构施工与拆撑、换撑进行了详细安排。

施工过程发生如下事件：

事件一：进场踏勘发现有一条横跨隧道的架空高压线无法改移，鉴于水泥土搅拌桩机设备高，距高压线距离处于危险范围，导致高压线两侧20m范围内水泥土搅拌桩无法施工。项目部建议变更此范围内的止水帷幕桩设计，建设单位同意设计变更。

事件二：项目部编制的专项施工方案，隧道主体结构与拆撑、换撑施工流程为：

① 底板垫层施工→②→③传力带施工→④→⑤隧道中墙施工→⑥隧道侧墙和顶板施工→⑦基坑侧壁与隧道侧墙间隙回填→⑧。

事件三：某日上午监理人员在巡视工地时，发现以下问题，要求立即整改。

① 在开挖工作面位置，第二道支撑未安装的情况下，已开挖至基坑底部。

② 为方便挖土作业，挖掘机司机擅自拆除支撑立柱的个别水平联系梁，当日下午，项目部接到基坑监测单位关于围护结构变形超过允许值的报警。

③ 已开挖至基底的基坑侧壁局部位置出现漏水，水中夹带少量泥沙。

📖 问题

1. 本工程止水帷幕桩应变更成什么形式？理由是什么。
2. 指出施工流程中缺少的②、④、⑧工序的名称。
3. 本工程基坑监测应测的项目有哪些？
4. 对监理在巡视过程中发现的问题，项目部应如何采取措施？
5. 项目部接到基坑报警的通知后，该如何处理？

📄 参考答案及解析

1. 本工程止水帷幕桩应变更成什么形式？理由是什么。

【参考答案】

本工程止水帷幕桩应变更成"高压旋喷桩"或"咬合桩"形式。

采用高压旋喷桩理由：设备高度低，可以满足高压线下施工的安全距离。

采用咬合桩理由：本工程中高压线未对钻孔灌注桩设备造成影响，且咬合桩围护结构可以兼作止水帷幕。

【解析】本小题应该考核的是教材中关于围护结构中的这段话："钻孔灌注桩围护结构经常与止水帷幕联合使用，止水帷幕一般采用深层搅拌桩。如果基坑上部受环境条件限制时，也可采用高压旋喷桩止水帷幕，但要保证高压旋喷桩止水帷幕施工质量。近年来，素混凝土桩与钢筋混凝土桩间隔布置的钻孔咬合桩也有较多应用，此类结构可直接作为止水帷幕"。

高压线影响到了水泥土搅拌桩，那么直接换用几乎不受高度限制的高压旋喷桩是解决问题的一种办法。当然，如果从另一个角度考虑，题干中"围护桩为钻孔灌注桩，止水帷幕为双排水泥土搅拌桩，进场踏勘发现有一条横跨隧道的架空高压线无法改移"可以得出，围护桩和止水帷幕都在被高压线影响的范围内。咬合桩即是先施工素混凝土桩，再在两根素混凝土桩之间施工钻孔灌注桩。既然在高压线下面的围护桩为钻孔灌注桩施工可以不受高压线高度的限制，那么咬合桩的施工高度当然也不会受到高压线高度的限制。这可以看作是解决问题的另一个办法。

2. 指出施工流程中缺少的②、④、⑧工序的名称。

【参考答案】

②的工序名称：底板施工；④的工序名称：第二道支撑拆除；⑧的工序名称：第一道支撑及立柱拆除。

【解析】本题案例背景展示了两个重要的信息。第一个信息是隧道采用明挖顺作法，第二个信息是"隧道主体结构与拆撑、换撑施工流程为：①底板垫层施工→②→③传力带施工→④→⑤隧道中墙施工→⑥隧道侧墙和顶板施工→⑦基坑侧壁与隧道侧墙间隙回填→⑧"。

明挖顺作法是一种施工方法，按照自上而下的顺序进行基坑的先撑后挖施工，隧道的主体结构施工则从下到上逐步完成，同时适时拆除支撑。在拆除支撑时，必须按照特定顺序进行操作，先拆除下部的第二道支撑，然后拆除第一道支撑及其支撑立柱。此外，在拆除支撑之前必须有替代品来保证基坑在支撑拆除时不会发生变形。这样的替代品能够维持基坑的稳定状态，确保施工的顺利进行。

本题案例背景中提到了现浇隧道的中墙施工、侧墙和顶板施工两个工序，但未提及底板施工的工序。根据逻辑推断，在中墙和侧墙之前应该存在底板施工的工序，可能是工序②或工序④之一。由于拆除支撑时需要有替代品，而第二道支撑的替代品必然是现浇隧道的底板。因此，底板施工必须在拆除第二道支撑之前进行，即工序②是底板施工，工序④是拆除第二道支撑。待全部隧道结构施工完成并进行回填后，可以拆除基坑剩余的支撑，因此工序⑧是拆除第一道支撑和立柱。

3. 本工程基坑监测应测的项目有哪些？

【参考答案】

应测的项目有：支护桩（墙）顶部水平位移，支护桩（墙）顶部竖向位移，支护桩（墙）体水平位移，立柱结构水平位移，立柱结构竖向位移，支撑轴力，地表沉降，竖井井壁支护结构净空收敛，以及地下水位。

【解析】案例背景明确本工程为一级基坑。依据《城市轨道交通工程监测技术规范》GB 50911—2013规范,一级基坑的应测项目包括10项,即支护桩(墙)、边坡顶部水平位移,支护桩(墙)、边坡顶部竖向位移,支护桩(墙)体水平位移,立柱结构竖向位移,立柱结构水平位移,支撑轴力,锚杆拉力,地表沉降,竖井井壁支护结构净空收敛,以及地下水位。根据图形和案例背景,工程中没有提及打锚杆的情况,因此不需要回答锚杆拉力这一项。而其他9项都需要回答。在后续考试中,如果遇到类似的题目,可能会以案例补充题的形式出现。

4. 对监理在巡视过程中发现的问题,项目部应如何采取措施?

【参考答案】

对发现的问题,应采取以下措施:

(1)停止开挖,立即安装第二道支撑,并加强监测。

(2)立即安装被拆除的立柱水平联系梁,如有变形,进行加固。

(3)立即采取插引流管、双快水泥封堵、坑外相应位置注浆等措施,并做好坑内排水。

【解析】对于监理巡视中发现的问题,项目部采取的相应措施并不难回答,只要与案例背景中发现的问题做到一一对应即可。例如,未安装支撑需要立即安装,拆除的联系梁需要立即恢复,漏水处需要及时修补。

5. 项目部接到基坑报警的通知后,该如何处理?

【参考答案】

项目部接到基坑报警的通知,应该按如下处理:

(1)停止施工、人员撤离,并继续监测。

(2)启动应急预案,并分析(查清)原因。

(3)采取有效措施后,确认安全情况下方能继续施工。

【解析】接到基坑报警通知后项目部应如何处理?作答时应从安全的角度展开。报警表明存在危险,必须注重安全。此外,前一问题明显是技术方面回答的,因此本小问应从管理的角度回答,这样作答更合理。

案例模拟题 10

背景资料

某公司承建一座城市桥梁工程。该桥上部结构为16×20m预应力混凝土空心板,每跨布置空心板30片。

进场后,项目编制了实施性总体施工组织设计,内容包括:

(1)根据现场条件和设计图纸要求,建设空心板预制场。预制台座采用槽式长线台座,横向连续设置 8 条预制台座，每条台座 1 次可预制空心板 4 片，预制台座构造如图 1 所示。

图 1　预制台座纵断面示意图

（2）将空心板的预制工作分解成：①清理模板、台座；②涂刷隔离剂；③钢筋、钢绞线安装；④切除多余钢绞线；⑤隔离套管封堵；⑥整体放张；⑦整体张拉；⑧拆除模板；⑨安装模板；⑩浇筑混凝土；⑪养护；⑫吊运存放等 12 道施工工序，并确定了施工工艺流程如图 2 所示。（注：①~⑫为各道施工工序代号）。

图 2　空心板预制施工工艺流程框图

（3）计划每条预制台座的生产（周转）效率平均为 10d，即考虑各条台座在正常流水作业节拍的情况下，每 10d 每条预制台座均可生产 4 片空心板。

（4）依据总体进度计划空心板预制 80d 后，开始进行吊装作业。吊装进度为平均每天吊装 8 片空心板。

问题

1. 根据图 1 预制台座的结构形式，指出该空心板的预应力体系属于哪种形式？写出结构 A 的名称。

2. 写出图 2 中空心板施工工艺流程框图中施工工序 B、C、D、E、F、G 的名称。(选用背景资料给出的施工工序的①~⑫的代号或名称作答)

3. 列式计算完成空心板预制所需天数。

4. 空心板预制进度能否满足吊装进度的需要? 说明原因。

📑 参考答案及解析

1. 根据图 1 预制台座的结构形式,指出该空心板的预应力体系属于哪种形式? 写出结构 A 的名称。

【参考答案】

(1) 空心板的预应力体系属于预应力先张法体系。

(2) 构件 A 的名称:钢绞线 (或预应力筋)。

【解析】根据题目中提供的信息,本题的第一小问涉及预应力空心板的预应力体系类型。在桥梁预制梁板的预应力体系中,存在先张法和后张法两种形式。根据图中给出的信息,预制空心板的长度为 20m,预应力钢绞线 (预应力筋) 呈直线形,并且图中没有显示预应力孔道。此外,在工序描述中也没有提到后张法特有的压浆、封锚等工序。综合上述信息,可以得出结论:本工程中的预应力空心板属于先张法预应力体系。

本题第二小问是图中关于构件 A 的名称。根据工程描述,空心板的预制采用槽式长线台座,每个台座一次可以完成 4 片空心板的制作。从图中可以观察到构件 A 贯穿了 4 片空心板。因此,最合理的推断是构件 A 代表钢绞线 (或预应力筋)。

槽式长线台座

2. 写出图 2 中空心板施工工艺流程框图中施工工序 B、C、D、E、F、G 的名称。(选用背景资料给出的施工工序的①~⑫的代号或名称作答)

【参考答案】

B—②涂刷隔离剂;C—⑦整体张拉;D—⑤隔离套管封堵;E—⑩浇筑混凝土;F—⑪养护;G—⑥整体放张。

【解析】首先了解一下先张法隔离套管的作用。一般而言,先张法预应力施工往往需要在梁板的两端设置失效段,失效段需要用隔离套管与混凝土隔开,以防止端部出现过大的拉应力。当然，并不是整条预应力筋全部被隔离套管包裹，也不是所有预应力筋都设置隔离套管，一般设置的方式是跳开一两条预应力筋就有一条预应力筋设置端头隔离套管。

在实际施工中，多数情况下是在空心板（梁体）预应力施加以后再进行隔离套管端部封堵（砂浆）；但某些特殊梁板预制时，也有先将隔离套管端头部位封堵完成（用胶泥），再施加预应力的情况。从案例背景看，本工程梁板预制应属于常规施工做法。本题是属于对号入座题目，每选对一个选项就可以拿到一分，所以即便C和D两个选项写反了，也不会影响其他选对的选项分值。

3. 列式计算完成空心板预制所需天数。

【参考答案】

全桥空心板的数量：16×30＝480 片

每次预制板数量：4×8＝32 片

空心板预制所需天数：480÷32×10＝150d

【解析】 作答本题的关键在于理解案例背景中提到的两个施工常识。首先，案例背景中指出该桥的上部结构是由16跨（孔）预应力混凝土空心板组成，每一跨的长度为20m，横断面上布置了30片空心板。根据这个信息，可以计算出该桥需要的空心板数量为16×30＝480片。其次，案例背景中提到预制台座采用槽式长线台座，横向连续设置了8条预制台座，每条台座1次可以预制4片空心板。因此，每次预制可以完成的空心板数量为4×8＝32片。

理解了这些信息，就可以自然而然地计算出本题中预制梁板的工期。

纵向桥梁 a 跨

横断面布置空心板 b 片

4. 空心板预制进度能否满足吊装进度的需要？说明原因。

【参考答案】

空心板预制进度不能满足吊装进度的需要。

原因：因为80d后开始吊装空心板时，剩余空心板还需要70d才能预制完成。而全桥空心板吊装只需要60d（480÷8＝60d）；60d＜70d，所以预制进度不能满足吊装进度要求。

【解析】 本问属于第三小问的延续，可以采用不同的计算方法，只要结论是不满足吊装进度要求，本题基本上就可以拿到满分。当前每年都会有一些计算类的题目出现，但是相对而言，真题的计算都比较简单，主要还是考核对概念的理解。

案例模拟题 11

背景资料

某公司承建一座城市桥梁工程。该桥跨越山区季节性流水沟谷，上部结构为三跨式钢筋混凝土结构，重力式 U 形桥台，基础均采用扩大基础；桥面铺装自下而上为厚 8cm 钢筋混凝土整平层+防水层+粘层+厚 7cm 沥青混凝土面层；桥面设计高程为 99.630m。桥梁立面布置如下图所示。

桥梁平面布置示意图

（高程单位为 m；尺寸单位为 cm）

项目部编制的施工方案有如下内容：

（1）根据该桥结构特点，施工时，在墩柱与上部结构衔接处（即梁底曲面变弯处）设置施工缝。

（2）上部结构采用碗扣式钢管满堂支架施工方案。根据现场地形特点及施工便道布置情况，采用杂土对沟谷一次性进行回填，回填后经整平碾压，场地高程为 90.180m，并在其上进行支架搭设施工，支架立柱放置于 20cm×20cm 楞木上。支架搭设完成后采用土袋进行堆载预压。

支架搭设完成后，项目部立即按施工方案要求的预压荷载对支架采用土袋进行堆载预压，其间遇较长时间大雨，场地积水。项目部对支架顶压情况进行连续监测，数据显示各点的沉降量均超过规范规定，导致预压失败。此后，项目部采取了相应整改措施，并严格按规范规定重新开展支架施工与预压工作。

📖 问题

1. 写出示意图中构件 A 的名称及作用。

2. 根据上图判断，按桥梁结构特点，该桥梁属于哪种类型？简述该类型桥梁的主要受力特点。

3. 施工方案（1）中，在浇筑桥梁上部结构时，施工缝应如何处理？

4. 根据施工方案（2），列式计算桥梁上部结构施工时应搭设满堂支架的最大高度；根据计算结果，该支架施工方案是否需要组织专家论证？说明理由。

5. 试分析项目部支架预压失败的可能原因。

6. 项目部应采取哪些措施才能顺利地使支架预压成功？

📋 参考答案及解析

1. 写出示意图中构件 A 的名称及作用。

【参考答案】

（1）构件 A 的名称是伸缩装置（伸缩缝）。

（2）作用：调节由车辆荷载和桥梁建筑材料所引起的上部结构之间的位移和连接。

【解析】 伸缩装置也被称为伸缩缝，通常设置在两梁端之间、梁端与桥台之间或桥梁的铰接位置。桥面伸缩装置必须满足梁端自由伸缩、转角变形以及确保车辆平稳通过的要求。根据案例背景中提供的图形，可以清晰地看出构件 A 位于梁与桥台之间的位置，因此很容易得出本题的答案。

伸缩装置（伸缩缝）

2. 根据上图判断，按桥梁结构特点，该桥梁属于哪种类型？简述该类型桥梁的主要受力特点。

【参考答案】

该桥梁属于刚架桥（刚构桥）。

受力特点是：梁或板和立柱或竖墙整体结合在一起的刚架结构，梁和柱的连接处具有很大的刚性，在竖向荷载作用下，梁部主要受弯，而在柱脚处也具有水平反力，其受力状态介于梁桥和拱桥之间。

【解析】 本题属于少数几道考核教材原文内容的题目之一。从图中可以观察到该桥梁没有支座，梁与墩柱之间呈刚性连接，因此可以确定为刚架桥（刚构桥）。刚架桥通常采用悬臂浇筑方式进行施工，有时也会采用支架方式。回答这道案例题时，请务必注意避免错别字的出现，尤其不要将"刚架桥"误写为"钢架桥"，这种错误会影响考试得分。因为"钢"和"刚"的意思完全不同。

刚架桥（刚构桥）

3. 施工方案（1）中，在浇筑桥梁上部结构时，施工缝应如何处理？

【参考答案】

（1）先浇混凝土表面达到强度后，将水泥砂浆和松弱层凿除并清理干净。

（2）浇筑后续混凝土前，应铺 10~20mm 同配合比的水泥砂浆。

【解析】 市政结构工程经常考核施工缝的处理，不同结构的施工缝处理大体相同，但是桥梁墩柱与上部桥跨结构之间的施工缝跟地下结构的施工缝还是稍有区别，因为桥梁的施工缝不必考虑渗漏水的要求，所以采分点只需要围绕着凿毛、清理、湿润、铺浆即可。

4. 根据施工方案（2），列式计算桥梁上部结构施工时应搭设满堂支架的最大高度；根据计算结果，该支架施工方案是否需要组织专家论证？说明理由。

【参考答案】

$99.630 - 0.07 - 0.08 - 0.800 - 90.180 = 8.5m$

根据计算结果，该支架需要组织专家论证。

理由：依据住房城乡建设部令第 37 号和建办质〔2018〕31 号文件规定：搭设高度 8m 及以上的混凝土模板支撑工程必须组织专家论证。

【解析】 本题有三个小问题，第一个小问题是计算，这里需要有一定的看图知识，专家论证和理由比较容易，但略有争议的是支架高度（20cm×20cm 的垫木是否进行计算）。首先分析一下支架的搭设，是在可调底座下面设置垫木（或楞木），但同时在可调顶托（可调U形顶托）与模板之间也需要设置方木，如果可调底托下面垫木在支架高度计算中扣除，那么同理可调顶托上面的方木和模板也需要在计算中扣除，而题目中未给出可调顶托以上方木的厚度，所以按照这个思路，命题人拟考核的计算是包含底托以下垫木的。

5. 试分析项目部支架预压失败的可能原因。

【参考答案】

项目部支架预压失败的原因：

（1）采用杂土回填5m，但未分层碾压密实，造成基础承载力不足。

（2）场地未设置排水沟设施和地面未进行硬化，造成基础承载力下降。

（3）未按规范要求进行支架基础预压。

（4）未进行分级预压，或预压土袋防水效果差，造成预压荷载超重。

【解析】本题目问"支架预压失败的可能原因"，与第六小问"应采取哪些措施才能顺利地使支架预压成功"是有关联的问题，只不过本小问的采分点在"试分析"。分析需要有一个过程，这种类型题目的特点是需要在答案中写出"因"和"果"，所以很多题目先要给题目进行分类，然后按照分类情况的类别格式作答。

6. 项目部应采取哪些措施才能顺利地使支架预压成功？

【参考答案】

（1）支架基础用合格土方换填，分层压实。

（2）排水涵两侧用中粗砂回填。

（3）将陡于1∶5的边坡修台阶。

（4）对夯实的支架基础预压，合格后硬化。

（5）支架基础四周设置排水沟。

（6）支架基础迎水面做防渗处理。

（7）采用防水型砂袋分级预压。

【解析】本题目属于支架的常识内容，但考核形式发展成为利用案例背景中给出的图形和文字相结合的形式，对于这类新型题目在作答前一定要仔细阅读案例背景，并认真分析图形中给出的每一个条件，避免遗漏考核点。例如，图形中标记了排水的管涵，那么就需要联想到回填土的时候，管涵两侧需要采用中粗砂人工对称分层回填夯实；管涵既然为沟谷内排水设施，在大雨情况下，需要对管涵迎水面进行硬化处理；图形中标记回填土位置断面有坡度，那么填土时需考虑留台阶；图中给出回填前沟谷谷底的标高，也标记回填土最终搭设支架基础的标高，那么标高之差即回填土的厚度，作答时需要考虑土方回填要按照设计要求分层进行；案例背景提及了遇到大雨地面积水，那么一定要考虑地面硬化和设置排水设施；案例背景中还交代土袋预压，那么一定要考虑预压逐步加载，并且在雨期施工时，考虑采用防水型砂袋进行预压。

本题完全可以换一个问法，即在浇筑混凝土过程中支架出现倾倒的原因，回答问题的角度也是从以上案例背景中的条件展开。所以，对于当前这种在施工过程中发现了问题，考核问题产生的原因，如何预防或者如何进行处理的题目，最主要的就是找准问题的切入点，知道从哪一个方向展开。这类综合题目是过去、现在和未来考试的最主要题型之一，所以一定要熟悉这类题目。

案例模拟题 12

背景资料

某公司承建一座跨河城市桥梁。基础均采用 φ1500mm 钢筋混凝土钻孔灌注桩，设计为端承桩，桩底嵌入中风化岩层 $2D$（D 为桩基直径），桩顶采用盖梁连接，盖梁高度为 1200mm，顶面标高为 20.000m。河床地层揭示依次为淤泥、淤泥质黏土、黏土、泥岩、强风化岩、中风化岩。

3#墩水上作业平台及桩基施工横断面布置示意图

（标高单位为 m；尺寸单位为 mm）

项目部编制的桩基施工方案明确如下内容：

（1）下部结构施工采用水上作业平台施工方案。水上作业平台结构为 ϕ600mm 钢管桩+型钢+人字钢板搭设。水上作业平台如示意图所示。

（2）根据桩基设计类型及桥位水文、地质等情况，设备选用"2000 型"正循环回转钻机施工（另配牙轮钻头等），成桩方式未定。

（3）图中构件 A 名称和使用的相关规定。

（4）由于设计对孔底沉渣厚度未做具体要求，灌注水下混凝土前，进行二次清孔，当孔底沉渣厚度满足规范要求后，开始灌注水下混凝土。

问题

1. 结合背景资料及上图，指出水上作业平台应设置哪些安全设施？

2. 施工方案（2）中，指出项目部选择钻机类型的理由及成桩方式。

3. 施工方案（3）中，所指构件 A 的名称是什么？构件 A 施工时需使用哪些机械配合？构件 A 应高出施工水位多少米？

4. 结合背景资料及示意图，列式计算 3#-① 桩的桩长。

5. 在施工方案（4）中，指出孔底沉渣厚度的最大允许值。

参考答案及解析

1. 结合背景资料及上图，指出水上作业平台应设置哪些安全设施？

【参考答案】

水上作业平台上应设置：周边设置护栏及防撞设施；警示标志、警示灯及照明设施；防触电设施；台面防滑设施；护筒孔口加盖；救生衣及救生圈等。

【解析】 安全防护的题目考核频率很高，命题人曾在门洞支架、基坑和沟槽边考核过，本题放在了水上作业平台进行考核。作答这类题目时，除了一些通用的考点以外，还有一些采分点需要结合案例背景资料具体解答。例如，作业平台设置护栏、警示标志、警示灯、照明设施、防撞设施等属于常见的安全防护设施，但是本题中的钢制水上作业平台在施工中会涉及用电，所以需要考虑到防触电设施；案例背景资料中交代了平台面采用人字钢板，那么在施工中需要考虑到平台的防滑设施（铺橡胶垫）；图形中有护筒，而且护筒直径一定大于桩基直径（1500mm），施工中需要有防止坠落到孔内的设施，所以参考答案中一定会有护筒孔口加盖的采分点；另外，水上作业平台施工中还需要考虑到救生衣和救生圈的设施等。

解答本题需要注意，安全设施和安全措施有一定区别。如果本题设问的是"安全措施"，答案还可以增加"专人巡视检查，定期维护"等采分点。

2. 施工方案（2）中，指出项目部选择钻机类型的理由及成桩方式。

【参考答案】

（1）选择钻机类型的理由：持力层为中风化岩层，牙轮钻头可在岩层中钻进；正循环回转钻机能满足现场中风化岩以上地质钻进要求，并保证护壁效果。

（2）成桩方式为泥浆护壁成孔桩。

【解析】案例背景资料给出本工程的施工机械设备（或机械设备组合），要求简述其理由，这种题目在教材上找不到原文，考核的是考生对某一工法设备的熟悉度及其与案例背景资料的有机结合，对考生语言组织能力也有一定的要求。作答这类题目时需要学会将案例背景资料条件进行拆分，例如本题中提到的牙轮钻头，它的作用是针对持力层的中风化岩，而上部的土质相对较软，正循环钻机可以满足这些地质条件，并且正循环成孔护壁效果相对而言更好。

3. 施工方案（3）中，所指构件 A 的名称是什么？构件 A 施工时需使用哪些机械配合？构件 A 应高出施工水位多少米？

【参考答案】

（1）构件 A 的名称：钢护筒。

（2）构件 A 埋设需使用的机械设备：吊机，振动锤（或冲击锤），泥浆泵或小型抓斗机。

（3）构件 A 应高出施工水位 2m。

【解析】从图中可知，本工程桩基直径 1500mm，护筒直径一定大于桩直径，而护筒长度需要 15m 以上，所以在埋设过程中，一定需要有吊机配合；另外，护筒埋到河床底以下 7~8m，施工时需要用振动锤进行振动下压，当护筒进入河床底部以后，护筒中的土体需要采用泥浆泵或者小型抓斗机进行出土。

4. 结合背景资料及示意图，列式计算 $3^{\#}$-①桩的桩长。

【参考答案】

$3^{\#}$-①桩的桩长：$20.000 - 1.200 - (-15.000 - 2 \times 1.500) = 18.800 + 18.000 = 36.800m$

【解析】通过图纸中的相应数字进行计算的题目，是近年来市政的主流考点，本题是竖向计算，需要留意的是计算所需数据没有全部在图形中体现出来。例如，图上给出了盖梁顶的高程，而盖梁的厚度是在案例背景资料中介绍的，所以做这类题目一定要注意图形和案例背景资料的结合。

5. 在施工方案（4）中，指出孔底沉渣厚度的最大允许值。

【参考答案】

孔底沉渣厚度不应大于 50mm。

【解析】因为桩端要进入到中风化岩 3m，属于端承型桩，所以孔底沉渣厚度不应大于 50mm。

摩擦型桩和端承型桩区别如下：

（1）摩擦型桩又分为摩擦桩和端承摩擦桩。摩擦桩在承载能力极限状态下，桩顶竖向荷载由桩侧阻力承受，桩端阻力小到可忽略不计。而端承摩擦桩在承载能力极限状态下，桩顶竖向荷载主要由桩侧阻力承受，而桩端阻力也分担部分荷载。

（2）端承型桩又分为端承桩和摩擦端承桩。端承桩在承载能力极限状态下，桩顶竖向荷载由桩端阻力承受，桩侧阻力小到可忽略不计。摩擦端承桩在承载能力极限状态下，桩顶竖向荷载主要由桩端阻力承受，而桩侧阻力也分担部分荷载。

案例模拟题 13

背景资料

某公司承建一项城市污水管道工程，管道全长 1.5km，采用 DN1200mm 的钢筋混凝土管，管道平均覆土深度约 6m。

考虑现场地质水文条件，项目部准备采用"拉森钢板桩+钢围檩+钢管支撑"的支护方式，沟槽支护情况如下图所示。

沟槽支护示意图（标高单位为 m，尺寸单位为 mm）

项目部编制了"沟槽支护、土方开挖"专项施工方案，经专家论证，因缺少降水专项方案被判定为"修改后通过"。项目部经计算补充了管井降水措施，方案获"通过"，项目进入施工阶段。在洗井后应安装水泵进行单井试抽，抽水时做了相应的记录。

在沟槽开挖到槽底后进行了分项工程质量验收，槽底无水浸、扰动，槽底高程、中线、宽度符合设计要求。项目部认为沟槽开挖验收合格，拟开始后续垫层施工。

在完成下游 3 个井段管道安装及检查井砌筑后，抽取其中 1 个井段进行了闭水试验，实测渗水量为 0.0285L/（min · m）。［规范规定 DN1200 钢筋混凝土管合格渗水量不大于 43.30m³/（24h · km）］

为加快施工进度，项目部拟增加现场作业人员。

问题

1. 写出钢板桩围护方式的优点。
2. 单井试抽水时，应做好哪些相应的记录？
3. 写出项目部"沟槽开挖"分项工程质量验收中缺失的项目。
4. 列式计算该井段闭水试验渗水量结果是否合格？
5. 写出新进场工人上岗前应具备的条件。

参考答案及解析

1. 写出钢板桩围护方式的优点。

【参考答案】

优点：钢板桩强度高、桩与桩之间连接紧密、隔水效果好（止水性能好）、施工方便（或施工灵活）、可重复（反复）使用。

【解析】市政专业考核中有一个频繁出现的题型：要求考生回答案例背景中展示的某种工法的优点。这种题型涉及一些在考试用书中没有相应介绍的工法，那么如何在考试中回答出这些工法的优点呢？

在回答题目时，可以从以下角度作答：

（1）质量方面：强调该工法可提高施工精度、减少误差，增强结构稳定性，改善材料利用率，降低质量缺陷的发生率等。

（2）进度方面：指出该工法可快速施工，缩短施工周期，减少工期延误，简化操作步骤，优化施工流程等。

（3）成本方面：说明该工法可以减少材料浪费、提升机具利用率，减少人工投入、避免窝工，提高工程施工效率，降低返工、维护成本等。

（4）安全方面：强调该工法可降低事故发生率，提供更好的防护装备以确保设备的安全性和可靠性，优化作业环境，减少潜在的安全隐患。

（5）施工方面：强调该工法在施工过程中操作简便，工序清晰，操作灵活、便于监控与协调。

（6）现场方面：说明该工法适应不同的现场条件，如地下水、复杂管线、差异土质、复杂地形等情况，能够应对各种挑战，优化现场空间利用。

（7）效果方面：指出该工法施工后的成品具有较好止水性、抗冻性、抗震性、抗风性、耐久性和满足设计功能要求。

2. 单井试抽水时，应做好哪些相应的记录？

【参考答案】

应做好工作压力、水位、抽水量的记录。

【解析】新教材增加的一些规范规定，很可能是未来几年内简答题的考核重点。

3. 写出项目部"沟槽开挖"分项工程质量验收中缺失的项目。

【参考答案】

缺失的项目有：地基承载力应符合设计要求。

【解析】本题考核内容为《给水排水管道工程施工及验收规范》GB 50268—2008 中的沟槽开挖与地基处理要求。根据规范第 4.6.1 条的规定，沟槽开挖与地基处理的相关要求包括：

（1）原状地基土不得扰动、受水浸泡或受冻。

（2）地基承载力应满足设计要求。

（3）进行地基处理时候，压实度、厚度满足设计要求。

（4）沟槽开挖允许偏差符合规定，包括槽底高程、槽底中线每侧宽度、沟槽边坡。

结合案例背景中的信息，我们知道沟槽是有支护开挖的，因此沟槽边坡不涉及其中。另外，槽底没有水浸和扰动，这意味着不需要进行地基处理。因此，在回答中只需要提及地基承载力即可。如果对规范内容不太熟悉，可能会将槽底的土质、平整度、槽底坡度等内容也回答出来，但只要答案中提及地基承载力这一项，就能获得此问题的分数。

4. 列式计算该井段闭水试验渗水量结果是否合格？

【参考答案】

实际渗水量可换算为：

$0.0285\text{L}/(\text{min}\cdot\text{m})=24\times60\times0.0285\text{m}^3/(24\text{h}\cdot\text{km})=41.04\text{m}^3/(24\text{h}\cdot\text{km})$

$41.04\text{m}^3/(24\text{h}\cdot\text{km})<43.30\text{m}^3/(24\text{h}\cdot\text{km})$

实际渗水量小于规范规定的渗水量，所以该井段闭水试验渗水量合格。

或

合格渗水量：

$43.30\text{m}^3/(24\text{h}\cdot\text{km})=43.30\div(24\times60)\text{L}/(\text{min}\cdot\text{m})=0.030\text{L}/(\text{min}\cdot\text{m})$

$0.0285\text{L}/(\text{min}\cdot\text{m})<0.030\text{L}/(\text{min}\cdot\text{m})$

实测渗水量小于合格渗水量，所以该井段闭水试验渗水量合格。

【解析】案例背景中，实测渗水量为 $0.0285\text{L}/(\text{min}\cdot\text{m})$，规范规定的合格渗水量为 $43.30\text{m}^3/(24\text{h}\cdot\text{km})$。为了判断闭水试验渗水量是否合格，可以将实测渗水量的单位换算成规范的渗水量单位，也可以将规范规定的渗水量单位换算成实测渗水量的单位，只要统一单位后进行对比即可。一般情况下，将实测渗水量换算成规范的渗水量更为合理，因为规范规定的数值作为定值更具参考意义。

题目中实测渗水量的分母单位是 $\text{min}\cdot\text{m}$，分子的单位是 L，规范规定渗水量的分母单位是 $24\text{h}\cdot\text{km}$，而分子单位是 m^3。为了进行计算，我们将实测渗水量的分子和分母同时扩大 1000 倍，分子的 L 相当于变成了 m³，分母中的 m 变成了 km，但数值保持不变。将实测渗水量的分母 min 换成 24h 相当于将其扩大了 60×24 倍；相应地，分子的数值也需要扩大 60×24 倍。

5. 写出新进场工人上岗前应具备的条件。

【参考答案】

（1）与企业签订劳动合同。

（2）进行了公司、项目、班组的三级岗前教育培训并经考核合格。

（3）特殊工种需持证上岗。

（4）进行了安全技术交底。

【解析】本题考核内容属于现场管理中的综合考题，需要用简洁明了的语言作答，采分点围绕着劳动合同、教育培训、持证上岗、考试合格及安全技术交底等。

案例模拟题 14

背景资料

某单位承建城镇主干道大修工程，道路全长 2km，红线宽 50m，路幅分配情况如道路横断面图所示。现状路面结构为 40mm AC-13 细粒式沥青混凝土上面层，60mm AC-20 中粒式沥青混凝土中面层，80mm AC-25 粗粒式沥青混凝土下面层。工程主要内容为：①对道路破损部位进行翻挖补强；②铣刨 40mm 旧沥青混凝土上面层后，加铺 40mm SMA-13 沥青混凝土上面层。

接到任务后，项目部对现状道路进行综合调查，编制了施工组织设计和交通导行方案，并报监理单位及交通管理部门审批。因办理占道、挖掘等相关手续，实际开工日期比计划日期滞后 2 个月。

道路封闭施工过程中，发生如下事件：

事件一：项目部进场后对沉陷、坑槽等部位进行了翻挖探查，发现左幅基层存在大面积弹软现象，立即通知相关单位现场确定处理方案，拟采用 400mm 厚水泥稳定碎石分两层换填，并签字确认。

事件二：为保证工期，项目部集中力量迅速完成了水泥稳定碎石基层施工，监理单位组织验收结果为合格。项目部完成 AC-25 下面层施工后对纵向接缝进行简单清扫便开始摊铺 AC-20 中面层，最后转换交通进行右幅施工。由于右幅道路基层没有破损现象，考虑到工期紧在沥青摊铺前对既有路面铣刨、修补后，项目部申请全路封闭施工，报告批准后开始进行上面层摊铺工作。

道路横断面图（单位：mm）

问题

1. 该城市主干道横断面属于哪种形式？
2. 交通导行方案还需要报哪个部门审批？
3. 事件一中，确定基层处理方案需要哪些单位参加？
4. 事件二中，水泥稳定碎石基层质量控制指标有哪些？
5. 请指出沥青摊铺工作的不当之处，并给出正确做法。

参考答案及解析

1. 该城市主干道横断面属于哪种形式？

【参考答案】

该城市主干道属于三幅路形式。

【解析】 城市主干路有三幅路和四幅路两种形式。本工程没有中央隔离带，只有中间的机动车道和两侧的非机动车道，所以是三幅路形式。

2. 交通导行方案还需要报哪个部门审批？

【参考答案】

还应报道路管理部门和市政工程行政主管部门审批。

【解析】 交通导行办理手续除了需要到交通管理部门进行审批以外，还应到道路管理部门进行审批，同时交通导行需要占用城市道路，作答时尽量将占用道路的审批单位（市政工程行政主管部门）也写在参考答案当中。

3. 事件一中，确定基层处理方案需要哪些单位参加？

【参考答案】

建设单位、监理单位、设计单位、勘察单位。

【解析】 在案例背景中，拟改建的道路基层出现了大面积弹软现象，处理这种情况肯定需要设计单位的参与，因为他们需要根据实际情况计算换填厚度并提出相应的处理方案。此外，换填可能导致设计变更，因此监理单位也需要参与并确认相关变更。在考场上，如果不确定是否要涉及建设单位和勘察单位，可以将它们一并回答出来，这样有助于提高得分率。

4. 事件二中，水泥稳定碎石基层质量控制指标有哪些？

【参考答案】

控制指标有：原材料质量、压实度、7d 无侧限抗压强度。

【解析】 质量控制指标和主控项目是新大纲增加的重要模块，会成为未来主要的考核方向。该模块属于记忆性的考点。

5. 请指出沥青摊铺工作的不当之处，并给出正确做法。

【参考答案】

不妥之处：接缝未进行处理。

正确做法：左幅施工采用冷接缝时，将右幅的沥青混凝土毛槎切齐，接缝处涂刷粘层油并对接槎软化再铺新料，上面层摊铺前纵向接缝处铺设土工格栅或土工布、玻纤网等土工织物，上下层接槎位置错开 $300 \sim 400\text{mm}$。

【解析】 对于这类改错题，需要针对案例背景资料作答，案例背景中描述到"对纵向接缝进行简单清扫便开始摊铺 AC-20 中面层"，那么接缝处理就是本题的采分点。对于沥青混凝土的冷接缝处理措施有切割整齐、涂刷粘层油、软化接槎、接缝铺设土工布、上下层接缝位置错开等采分点。

案例模拟题 15

背景资料

某区养护管理单位在雨季到来之前，例行城市道路与管道巡视检查，在 K1+120 和 K1+160 步行街路段沥青路面发现多处裂纹及路面严重变形。经 CCTV 影像显示，两井之间的钢筋混凝土平接口抹带脱落，形成管口漏水。

养护单位经研究决定，对两井之间的雨水管采取开挖换管施工，如示意图所示。管材仍采用钢筋混凝土平口管。开工前，养护单位用砖砌封堵上下游管口，做好临时导水措施。

养护单位接到巡视检查结果处置通知后，将该路段采取 1.5m 低围挡封闭施工，方便行人通行，设置安全护栏将施工区域隔离，设置不同的安全警示标志、道路安全警告牌、夜间挂闪烁灯示警，并派养护工人维护现场行人交通。

更换钢筋混凝土平口管纵断面示意图

（标高单位为 m，尺寸单位为 mm）

问题

1. 地下管线管口漏水会对路面产生哪些危害？
2. 两井之间实铺管长为多少米？铺管应从哪号井开始？
3. 用砖砌封堵管口是否正确？最早什么时候拆除封堵？
4. 项目部在对施工现场安全管理采取的措施中，有几处描述不正确，请改正。

参考答案及解析

1. 地下管线管口漏水会对路面产生哪些危害？

【参考答案】

管线漏水会冲刷管口周边土体导致路面变形、开裂以及轻微塌陷，影响行人安全。

【解析】地下管线管口漏水的后果是管口周边土体会被软化形成泥浆，顺着管道缝隙进入管道内部，造成管道周边渐渐产生较大的空隙，进而会形成道路结构层的变形、裂缝和轻微塌陷等问题。这也从另一个侧面说明，在湿陷土、膨胀土、流砂等地区的雨水管线需要进行功能性试验的原因。

当前市政考试很多题目的特点是明明知道方向但是表达不清晰，本小问是这种题目的代表，在备考中需要提升文字功底。

2. 两井之间实铺管长为多少米？铺管应从哪号井开始？

【参考答案】

（1）实铺管长为：

$0.7÷2=0.35m$

$1-0.35=0.65m$

$1160-1120-0.35-0.65=39m$

（2）铺管应从 16 号井开始。

【解析】本题考核内容需要根据案例背景中的图形信息进行计算，重点在于对施工图纸的熟悉程度。案例背景中提到，16#检查井和17#检查井之间的里程桩号差值为40m。然而，问题要求的是实际铺管长度，需要考虑到井室中没有铺管的长度。根据图中的信息，井筒直径为700mm（0.7m），井筒中心线到垂直井壁之间的距离为0.35m。由于检查井的直径为1m，因此井筒中心线到井壁的另一侧距离为0.65m。因此，本工程的铺管长度相当于40m-0.35m-0.65m=39m。

本小问也有人按照两个井室管内底高差，从而计算管道的斜长，这种思路不妥，因为即使对斜长进行计算，长度的增加也不足 0.2mm。因此，这绝对不是命题人想要考核的内容。

3. 用砖砌封堵管口是否正确？最早什么时候拆除封堵？

【参考答案】

（1）用砖砌封堵管口正确。

（2）最早拆除时间：换管后管口抹带达到设计强度且功能性试验（闭水试验）合格。

【解析】管道暂不接通支线或分段施工的管线，通常都需要对分界点进行管道封堵，一般封堵采用两种形式，管道直径 600mm 以下采用充气橡胶气囊进行封堵，而管道直径 $D_0 \geq 600mm$，采用砖砌封堵，本工程为直径 600mm 的管道，所以采用砖砌封堵方式正确。本工程是雨水管线且未说明土质情况，但案例背景资料交代管口漏水已对上方道路造成影响，所以新建管线必须进行功能性试验，而管堵自然也需要管道功能性试验合格后拆除。当然为保证不漏水，砌筑管堵必须用水泥砂浆，那么拆除管堵的时候，会有冲击振动，所以拆除管堵时必须保证管口抹带强度达到设计要求。

管道砖砌封堵

4. 项目部在对施工现场安全管理采取的措施中，有几处描述不正确，请改正。

【参考答案】

（1）改正：采用高围挡，高度不低于 2.5m。

（2）改正：设置道路安全指示牌。

（3）改正：夜间设红灯示警，并增设照明设施、反光标志（反光锥筒）。

（4）改正：设专职交通疏导员（安全员）。

【解析】本题为改错题，属于传统案例考点。一般改错题需要就案例背景中描述的实质性内容进行修改，例如题干中是低围挡，那么修改项就应该有高围挡；题干中围挡高度1.5m，结合案例背景资料为城市步行街，则需要修改为不低于2.5m；因为道路部分路段施工，所以在道路上设置的不应该是警告牌，而应该是指示牌，将施工区域隔离，明示通行区域；夜间施工闪烁灯也不严谨，按照规矩应该设置红灯示警，并且应该有照明设施和反光标志；养护人员维护交通也不合理，应该是专职交通疏导员或者安全员疏导交通。